**Berichte aus dem
Institut für Umformtechnik
der Universität Stuttgart
Herausgeber:
Prof. em. Dr.-Ing. Dr. h.c. K. Lange**

121

Volker Szentmihályi

Beitrag der Prozeßsimulation zur Entwicklung komplexer Kaltumformteile

Mit 68 Abbildungen und 6 Tabellen

Springer-Verlag Berlin Heidelberg GmbH

Dipl.-Ing. Volker Szentmihályi
Zentrum Fertigungstechnik Stuttgart

Dr.-Ing. Dr. h. c. Kurt Lange
o. Professor em. an der Universität Stuttgart
Institut für Umformtechnik

D 93

ISBN 978-3-540-57967-0   ISBN 978-3-662-06017-9 (eBook)
DOI 10.1007/978-3-662-06017-9

Gesamtherstellung: Copydruck GmbH, Heimsheim
SPIN: 10469727   62/3020 – 6 5 4 3 2 1 0

Die Umformtechnik zeichnet sich durch sehr gute Werkstoffaus-
wertung und hohe Mengenleistung in der Serienfertigung gegenüber anderen Fertigungsverfahren aus, wobei Beibehaltung der
Masse, Änderung der Festigkeitseigenschaften während eines Vorgangs und elastische Rückfederung der Werkstücke nach einem
Vorgang wesentliche Merkmale sind. Weiter sind die benötigten
Kräfte, Arbeiten und Leistungen sehr viel größer als z.B. bei
spanenden Verfahren. Die sichere Beherrschung eines Verfahrens
in der industriellen Fertigung und die zunehmende Forderung
nach Vermeidung bzw. Minimierung spanender Nacharbeit erzwingen
die geschlossene Betrachtung des Systems "Umformende Fertigung"
unter zentraler Berücksichtigung plastizitätstheoretischer,
werkstoffkundlicher und tribologischer Grundlagen.

Das Institut für Umformtechnik der Universität Stuttgart stellt
entsprechend Forschung und Entwicklung zum einen auf die Erar-
beitung von Grundlagenwissen in diesen Bereichen ab, zum anderen
untersucht und entwickelt es Verfahren unter Anwendung spezieller Meßtechniken mit dem Ziel einer genauen quantitativen Ermittlung des Einflusses der Parameter von Vorgang, Werkstoff,
Werkzeug und Maschine. Die Behandlung von Problemen des Maschi-
nenverhaltens, der Maschinenkonstruktion sowie der Werkzeugauslegung und -beanspruchung, der Auswahl hochbeanspruchbarer,
verschleißfester Werkzeugbaustoffe und schließlich der Tribo-
logie gehört entsprechend ebenfalls zum Arbeitsgebiet, das durch
die Erfassung organisatorischer und betriebswirtschaftlicher
Fragen abgerundet wird.

Im Rahmen der "Berichte aus dem Institut für Umformtechnik"erscheinen in zwangloser Folge jährlich mehrere Bände, in denen
über einzelne Themen ausführlich berichtet wird. Dabei handelt
es sich vornehmlich um Abschlußberichte von Forschungsvorhaben,
Dissertationen, aber gelegentlich auch um andere Texte. Diese
Berichte sollen den in der Praxis stehenden Ingenieuren und
Wissenschaftlern zur Weiterbildung dienen und eine Hilfe bei
der Lösung umformtechnischer Aufgaben sein. Für die Studieren-

den bieten sie die Möglichkeit zur Vertiefung der Kenntnisse.
Die seit zwei Jahrzehnten bewährte freundschaftliche Zusammenarbeit mit dem Springer-Verlag sehe ich als beste Voraussetzung
für das Gelingen dieses Vorhabens an.

Kurt Lange

Vorwort

Die vorliegende Arbeit entstand während meiner Tätigkeit als wissenschaftlicher Mitarbeiter des Zentrums Fertigungstechnik Stuttgart.

Herrn o. Prof. em. Dr.-Ing. Dr. h.c. Kurt Lange danke ich herzlich für das mir entgegengebrachte Vertrauen sowie die konsequente und großzügige Unterstützung bei der Durchführung meiner Untersuchungen.

Herrn Prof. Dr.-Ing. K. Langenbeck danke ich für die freundliche Übernahme des Mitberichts und die sich daraus ergebenden wertvollen Anregungen.

Weiterhin gilt mein Dank Herrn Professor Jean-Loup Chenot vom Ecole Nationale Supérieure des Mines de Paris für die Möglichkeit zur Durchführung der 3D-FEM-Simulationen sowie Herrn Prof. Dr.-Ing. Klaus Siegert für die Unterstützung bei der Durchführung der sich anschließenden Experimente mit den Einrichtungen des Instituts für Umformtechnik der Universität Stuttgart.

Mein besonderer Dank gilt Herrn Dipl.-Ing. Achim Ruf und seiner Numerik-Gruppe für die wertvollen Ratschläge und die kreative Unterstützung bei der Durchführung und Auswertung der Simulationen.

Ferner möchte ich mich bei allen Mitarbeiterinnen und Mitarbeitern des Instituts für Umformtechnik sowie bei meinen Studentinnen und Studenten bedanken, die mich tatkräftig bei der Anfertigung meiner Arbeit unterstützt haben.

Die Mittel zur Durchführung dieser Untersuchungen wurden von Firmen der Automobilindustrie und deren Zulieferer sowie vom Ministerium für Wirtschaft, Mittelstand und Technologie Baden-Württemberg zur Verfügung gestellt, wofür an dieser Stelle ebenfalls gedankt sei.

Hausach, im Dezember 1993

Volker Szentmihályi

Inhaltsverzeichnis:

Formelzeichen und Abkürzungen

Allgemeine Zeichen

E	N/mm^2	Elastizitätsmodul
F	N	Kraft
F_α	μm	Profil-Gesamtabweichung
F_p	μm	Teilungs- Gesamtabweichunng
F_r	μm	Rundlaufabweichung
F_β	μm	Flankenlinien-Gesamtabweichung
HV		Härte nach Vickers
M_{dk}	mm	diametrales Zweikugelmaß
T	K	Temperatur
b	mm	Zahnradbreite
c		Konstante
d	mm	Teilkreisdurchmesser
d_0	mm	Rohteildurchmesser
d_a	mm	Kopfkreisdurchmesser
d_b	mm	Grundkreisdurchmesser
d_f	mm	Fußkreisdurchmesser
$f_{f\alpha}$	μm	Profil-Formabweichung
$f_{f\beta}$	μm	Flankenlinien-Formabweichung
$f_{H\alpha}$	μm	Profil-Winkelabweichung
$f_{H\beta}$	μm	Flankenlinien-Winkelabweichung
f_{pt}	μm	Teilungs-Einzelabweichung
f_u	μm	Teilungssprung
f_β	°, rad	Schrägungswinkelabweichung
h_0	mm	Rohteilhöhe
k	N/mm^2	Schubfließspannung
k_f	N/mm^2	Fließspannung
m	mm	Modul
m		Reibfaktor
n		Verfestigungsexponent

$\bar{p}$	N/mm^2	gemittelter Innendruck
p_i	N/mm^2	Innendruck
p_t	mm	Sollteilung
s	mm	Stempelweg
v	mm/s	Geschwindigkeit
x		Profilverschiebungsfaktor
z		Zähnezahl
α	°	Eingriffswinkel
α_p	°	Profilwinkel
β	°	Schrägungswinkel
$\gamma_{1,2,3}$	°	Dreiecks- Innenwinkel
$\varepsilon_v, \bar{\varepsilon}$		Vergleichsformänderung
φ		Umformgrad
φ_v		Vergleichsumformgrad
μ		Reibzahl
ν		Querkontraktionszahl
σ_{ij}	N/mm^2	Spannungstensor (Komponenten)
σ_n	N/mm^2	Kontaktnormalspannung
σ_v	N/mm^2	Vergleichsspannung
τ_R	N/mm^2	Reibschubspannung
ξ	$^0/_{00}$	Haftmaß
x,y,z		kartesische Koordinaten

Indizes

a	Größe im Axialschnitt
n	Größe im Normalschnitt
t	Größe im Stirnschnitt

Abkürzungen

BEM	Boundary-Element-Methode
FEM	Finite-Elemente-Methode
QFP	Querfließpressen
QK	Qualitätsklasse

0 Zusammenfassung

Das Verfahren Querfließpressen wird bereits seit einigen Jahren erfolgreich zur Fertigung von präzisen Formteilen mit einer Vielzahl unterschiedlicher, quer zur Längsachse angeordneter Nebenformelemente eingesetzt. Erst in jüngster Zeit gibt es Bestrebungen, dieses Verfahren auch zur Herstellung schrägverzahnter Stirnräder, wie sie in großen Stückzahlen in der Automobilindustrie Verwendung finden, einzusetzen.

Nach der Lösung des Auswerfproblems der gepreßten Schrägverzahnungen ist die prinzipielle Eignung des Verfahrens hierzu für einen großen Bereich verschiedener Verzahnungsparameter nachgewiesen worden. Doch rufen die hohen Prozeßdrücke, die zum Ausfüllen der verzahnten Matrizenkontur notwendig sind, elastische Verformungen des Werkzeugs hervor, die ein für spanende Fertigbearbeitung annehmbares Maß überschreiten. Außerdem läßt die auf die spanende Herstellung ausgelegte Geometrie der Deckflächen Vorteile einer möglichen umformtechnischen Fertigung des Zahnrades nur ungenügend zum Tragen kommen.

Die Ziele dieser Untersuchung lagen einerseits in der theoretischen Ermittlung der sich während des Preßvorgangs einstellenden elastischen Werkzeugverformung sowie deren Verringerung durch Vorverzerren der Matrizenkontur. Andererseits sollten die Stirnflächen für eine umformende Herstellung des Zahnrades optimiert werden, wobei die Machbarkeit sowie eine möglichst hohe Materialeinsparung gegenüber der konventionellen Fertigung im Vordergrund standen.

Da die Werkzeugbeanspruchung während des Querfließpreßvorgangs meßtechnisch nicht zu erfassen ist, und durch die Betrachtung eines ebenen Modellprozesses mögliche Einflüsse des Schrägungswinkels der Verzahnung nicht aufgezeigt werden können, stand am Anfang der Untersuchung eine 3D- Simulation mit der Methode der Finiten Elemente, anhand derer der Stofffluß und die auf die Werkzeugoberflächen wirkenden Normalspannungen ermittelt wurden. Diese zeigten deutliche Unterschiede für beide Zahnflanken und rechtfertigten somit den hohen Aufwand, der zu ihrer Ermittlung notwendig war. Die entstehende Zahnkontur sowie die benötigte Preßkraft stimmen in Simulation und Experiment gut überein. An einem ebenen Modellprozeß wurden zum Vergleich Rechenläufe zur Ermittlung des Einflusses von Reibung und unterschiedlicher Zahngeometrien durchgeführt.

Anhand der simulativ ermittelten Belastung der verzahnten Werkzeugoberfläche wurden mit Hilfe der Boundary- Element- Methode die elastischen Deformationen der Matrize ermittelt. Diese stimmen weitgehend mit den gemessenen Abweichungen überein, doch zeigt sich bei den Flankenlinienwinkelabweichungen ein deutlicher Unterschied, der auf den in der Simulation nicht betrachteten Auswerfvorgang zurückgeführt wird. Der Nachweis hierfür wurde anhand von Verzahnungsmessungen an einem speziell entformten Zahnrad erbracht.

Nach der Korrektur der Verzahnungsgeometrie im Kopf- und Fußkreis, im Schrägungswinkel, Eingriffswinkel und in der Profilverschiebung erfolgten Preßversuche mit dieser neuen Geomtrie. Bei anschließenden Verzahnungsmessungen zeigte sich, daß besonders die Abweichungen im Flankenlinienwinkel sowie in der Profilform verringert werden konnten, wohingegen der Zahn des gepreßten Zahnrades trotz Verbreiterung zu spitz ausfiel. Daraus war der Schluß zu ziehen, daß auch nur in geringem Maße veränderte Geometrien ihr elastisches Verhalten - bezogen auf die hohen Anforderungen an die maßliche Genauigkeit - stark verändern können.

Bei der Betrachtung der Stirnflächen wurde über 2D- FEM- Simulationen eine geeignete Stempelform und Rohteilgeometrie entwickelt, für die in nachfolgenden Experimenten eine leicht verbesserte Formfüllung im Bereich der Verzahnung aufgezeigt werden konnte.

In einer abschließenden Wirtschaftlichkeitsbetrachtung wurden der konventionellen Fertigungsfolge bei der Rohteilherstellung vier Varianten für die Herstellung der gewichtsreduzierten Version gegenübergestellt und dabei eindeutige Vorteile für ein kaltgepreßtes Rohteil ausgemacht. Dieses wurde der umformenden Verzahnungsherstellung zugrundegelegt und erneut mit der konventionellen Herstellung des Zahnrades verglichen. Trotz vorsichtiger Annahme der noch unbekannten Standmenge der verzahnten Matrize, woraus sich hohe anteilige Werkzeugkosten für die Umformung ergeben, liegt diese Fertigungsfolge günstiger als die bisherige, auch wenn sich der noch nicht festgestellte Aufwand für das Weichschaben dabei leicht erhöhen sollte.

1 Einleitung

Der Zwang des Marktes zu möglichst kostengünstig produzierten Werkstücken hat in Verbindung mit der starken Weiterentwicklung aller Bereiche der Umformtechnik dazu geführt, daß in jüngster Zeit auch bisher typische Teile aus spanender Herstellung durch einfache oder kombinierte Verfahren in einem oder meist mehreren Schritten umformtechnisch hergestellt werden bzw. hergestellt werden. Das gilt ebenfalls für in großen Stückzahlen benötigte Verzahnungen, worunter hauptsächlich schrägverzahnte Stirnräder als Laufräder für PKW-Getriebe zu verstehen sind.

Dabei strebt die net-shape-technology möglichst einbaufertige Teile an, was hier jedoch aufgrund der wachsenden Ansprüche an die Laufruhe bei gleichzeitig höheren zu übertragenden Leistungen - noch - nicht möglich erscheint. Durch die für die Ausbildung von komplexen Nebenformelementen wie Zähne notwendigen höheren Preßdrücke als bei Grundformen /1/ werden im Werkzeug beachtliche elastische Verformungen bewirkt, die sich wiederum negativ auf die Bauteilqualität auswirken. Sofern es gelingt, diese elastischen Deformationen durch Korrektur des Werkzeuges auszugleichen, sind zumindest Räder in Vorverzahnungsqualität möglich, d.h. es erfolgt nur noch eine Feinbearbeitung der Zahnflanken vor oder nach dem Härtevorgang. In diesem Fall spricht man von near-net-shape-technology.

Zur Ermittlung der elastischen Verformungen und der Aufweitung bieten sich insbesondere bei den sehr kostspieligen Werkzeugen für die Präzisionsumformtechnik, deren Qualitäten üblicherweise um 2 bis 3 Toleranzklassen über denen für das Werkstück geforderten liegen sollten, numerische Verfahren an. Dabei hat sich vor allem in den letzten Jahren mit schnell wachsender Leistung und Speicherkapazität der eingesetzten Rechenanlagen die Methode der Finiten Elemente (FEM) zur Klärung auch komplexer Prozeßabläufe durch die Ermittlung des Werkstoffflusses sowie von Spannungszuständen und damit verbundener Werkzeugbelastung bewährt. Sofern diese bekannt ist, kann mit Hilfe der wesentlich jüngeren Boundary-Elemente-Methode (BEM) das Matrizenverhalten im elastischen Bereich mit geringerem Aufwand als mit der linear-elastischen FEM berechnet werden. Damit ist es einerseits möglich, rißgefährdete Stellen im Werkzeug aufzudecken und andererseits, Werte für die elastische Verformung der Komponenten zu erhalten.

Neben der Korrektur der Verzahnungsgeometrie zur Steigerung der Qualität der gepreßten Zahnräder ist ebenfalls deren Produktion bei minimalen Kosten anzustreben, um eine Substitution der noch dominierenden spanabhebenden Verfahren überhaupt in Aussicht stellen zu können. Da hierbei die Werkstoffkosten einen zunehmenden Anteil an den Gesamtproduktionskosten ausmachen /2/, gilt es weiterhin, einen wesentlichen Vorteil der Umformtechnik - die Möglichkeit, werkstoffsparend und produktiver zu fertigen - in die Geometrie des Zahnrades einfließen zu lassen und diesbezügliche Auswirkungen auf die Wirtschaftlichkeit des Verfahrens herauszustellen.

2 Stand der Erkenntnisse

2.1 Spanende Herstellung von Verzahnungen

Die industrielle Fertigung kennt sowohl eine Reihe spanloser Verfahren zur Herstellung von Zahnrädern, wobei Pressen, Gießen, Feinschneiden und Walzen zu nennen sind, als auch eine große Anzahl sehr unterschiedlicher spanabhebender Verfahren. Größe, Genauigkeit, Verwendungszweck, sowie die Wirtschaftlichkeit entscheiden über die Wahl des Fertigungsverfahrens, wobei Laufverzahnungen heute vor allem spanend hergestellt werden, da nur diese Verfahren bislang die vielseitigen hohen Anforderungen an Zahnräder erfüllen.

Allgemein ist der Herstellungsprozeß in das Erzeugen einer Vorverzahnung und deren anschließende Feinbearbeitung zu unterteilen, da einerseits Fertigungsverfahren mit definierter Schneide nicht die geforderte Genauigkeit erreichen, andererseits Verfahren mit geometrisch unbestimmter Schneide wegen ihrer geringen Abtragsleistung keine Verwendung finden. Deshalb werden in der Serienfertigung von Laufverzahnungen fast ausschließlich das Abwälzfräsen und in jüngster Zeit das Abwälzstoßen angewandt /3/. Diesen gingen die Verfahren Profilformfräsen, Profilhobeln und -stoßen voraus, die noch eingesetzt werden, wenn wirtschaftliche oder technologische Gesichtspunkte die Bearbeitung mit einem abwälzenden Verzahnungsverfahren ausschließen /4, 5/. Wälzverfahren können vor allem durch CNC-Steuerung der Maschinen ihre Vormachtstellung bei einem Großteil des Verzahnungsspektrums behaupten. In der industriellen Massenfertigung lassen sich Verzahnungsqualitäten der Klasse 7 nach DIN 3962 erreichen /7/.

Bis vor wenigen Jahren stellte bei der Fertigbearbeitung der vorverzahnten Räder das Härten nach dem Weichschaben den letzten Fertigungsschritt dar. Da sich jedoch die hochgenauen Verzahnungen durch den Härtevorgang wieder um etwa zwei Qualitätsklassen verschlechtern, sind heute aufgrund der gestiegenen Anforderungen einsatzgehärtete Zahnräder üblich, die nach dem Härtevorgang hart feinbearbeitet werden. Die Weiterentwicklungen auf dem Gebiet der hierbei zum Einsatz kommenden Verfahren Schälwälzfräsen /8, 9, 10/, Hartschälen /11/, Schleifen /12/ und Schabschleifen /13, 14, 15/ zielen vorwiegend auf eine Steigerung der Qualitäten in Verbindung mit einer höheren Prozeßsicherheit, auf kürzere Bearbeitungszeiten und somit geringere Kosten und auf eine größere Flexibilität bei zunehmend schneller wechselnden Geometrien und häufiger auftretenden korrigierten Verzahnungen /16/. Während beim Schaben vor dem Härten im industriellen Einsatz je nach Schabverfahren und Schabzeit Verzahnungsqualitäten der

Klassen 6 bis 9 erreichbar sind /17, 18/, gilt die Qualitätsklasse 6 beim in der Großserienfertigung benutzten Profilabwälzschleifen mit Globoidschnecke bei hohen Abtragsraten und somit sehr kurzen Schleifzeiten (im Mittel 2 Sekunden pro Zahn) als durchweg erreichbar. Mit anderen Schleifverfahren lassen sich sogar Qualitäten bis hin zu Klasse 3 erzielen /19/.

2.2 Herstellung von Verzahnungen mittels Verfahren der Umformtechnik

Die ersten Versuche, Laufverzahnungen mittels Verfahren der Umformtechnik herzustellen, liegen bereits mehrere Jahrzehnte zurück /20/. Doch standen die engen Verzahnungstoleranzen bisher meist dem Ziel entgegen, die klassischen Vorteile der Umformtechnik wie hohe Werkstoffausnutzung, kurze Stückzeiten und gute mechanisch-technologische Eigenschaften auch für dieses Massenteil zu nutzen.

Der mittlerweile erzielte Fortschritt in allen Bereichen der Umformtechnik läßt es jedoch durchaus realistisch erscheinen, daß in absehbarer Zeit in der Serienfertigung die spanenden Verfahren zur Herstellung der Vorverzahnung auch bei schrägverzahnten Stirnrädern durch neue umformtechnische Verfahren ersetzt werden.

Mit verschiedenen Walz-, Fließpreß- und Schmiedeverfahren, auf die im folgenden Abschnitt kurz eingegangen wird, wurden bereits gute Ergebnisse erzielt. Das hier betrachtete Verfahren Querfließpressen war ebenfalls Gegenstand umfangreicher Untersuchungen und soll in einem weiteren Abschnitt separat vorgestellt werden.

2.2.1 Allgemeine Betrachtungen

Walzen

Unter den Verfahren der umformtechnischen Fertigung von Verzahnungen haben Walzverfahren bisher die breiteste Anwendung gefunden. Aus dem Grundgedanken, Verzahnungen ähnlich wie beim Gewindewalzen durch Eindringen eines profilierten Werkzeuges bis zu dessen vollständiger Abbildung im Werkstück herzustellen, wurden mittlerweile stark von diesem Grundgedanken abweichende Walzverfahren entwickelt.

Das Längswalzen mit Rundwerkzeugen - auch Grob-Verfahren /21, 22/ genannt - hat sich bei der industriellen Fertigung umformtechnisch hergestellter Verzahnungsprofile bislang am stärksten durchgesetzt /23/. So wurden z.B. Planetenräder für LKW-Hinterachsen nach dem Grob-Verfahren in großen Serien hergestellt /24/; dabei werden die einzelnen Räder vom gewalzten Profilstab spanend getrennt und fertig bearbeitet. Das Prinzip des zur Fertigung gerad- und schrägverzahnter Stirnräder geeigneten Verfahrens zeigt Bild 1. Charakteristisch sind die relativ geringen Umformkräfte, dadurch bedingt, daß der Werkstoff nur in den äußeren Randzonen des Werkstücks zum Fließen gebracht wird. Die erreichbaren Genauigkeiten werden beim Grob-Walzen mit DIN-Qualitäten 6-8 angegeben /25,26/.

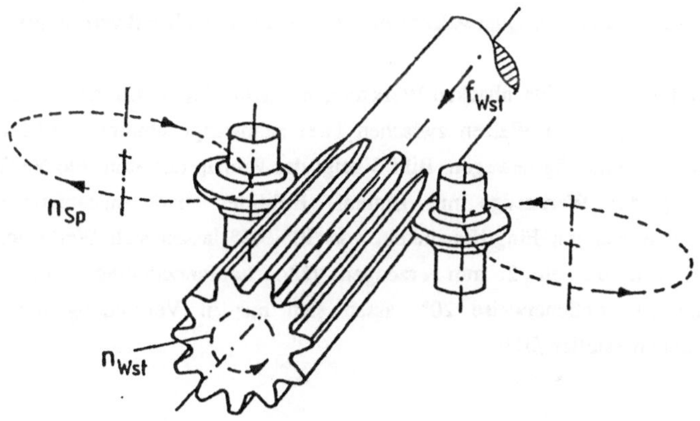

Bild 1: Verfahrensprinzip des Längswalzens nach dem Grob-Verfahren /27/.

Beim Querwalzen von Verzahnungsprofilen sind je nach Maschinentyp und Werkzeuggeometrie verschiedene Verfahren zu unterscheiden. Eingesetzt werden in der industriellen Fertigung Maschinen mit außenverzahnten Rundwerkzeugen, Flachbackenwerkzeugen und innenverzahnten Segmentwerkzeugen /28/.

Das dem Gewindewalzen am ähnlichste Verfahren des Walzens mit außenverzahnten Rundwerkzeugen zeigt Bild 2. Sein Einsatz ist auf kleinere Geometrien beschränkt, wobei Räder mit Moduln bis etwa 3,5 mm und Kopfkreisdurchmesser bis 100 mm gefertigt werden können. Das Verfahren eignet sich nur bedingt für Schrägverzahnungen, und zusätzlich wirken sich kleine Eingriffswinkel bei großem Schrägungswinkel negativ auf die Standzeit der Werkzeuge aus. Dennoch konnten für schrägverzahnte Räder hohe Verzahnungsgenauigkeiten der Klassen 6 bis 8 erreicht werden /29, 30/.

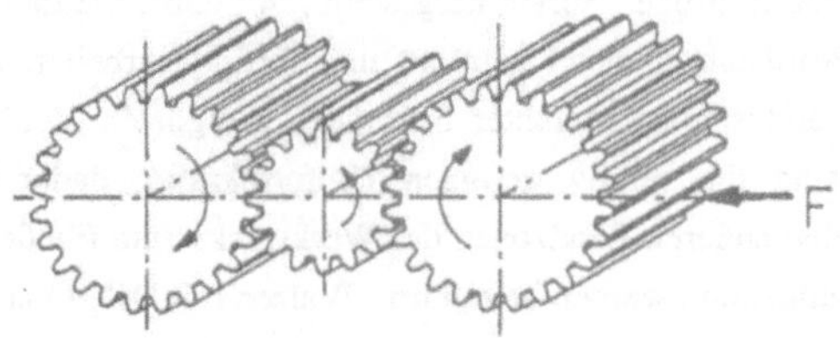

Bild 2: Verfahrensprinzip des Querwalzens mit außenverzahnten Rundwerkzeugen.

Beim Querwalzen mit Flachbacken-Werkzeugen (Roto-Flo-Verfahren) wird die Werkstückverzahnung durch Walzen zwischen zwei zahnstangenähnlichen Walzbacken erzeugt, die sich gegenläufig bewegen. Bild 3 zeigt das Prinzip des Roto-Flo-Verfahrens und Ausbildung der Werkzeuge mit Einlauf- Kalibrier- und Auslaufzonen. Bei Mitnahmeverzahnungen mit Eingriffswinkeln von 30°- 45° lassen sich Werkstücke mit einem Modul von bis zu 2 mm erzeugen /28/. Laufverzahnungen mit einem Eingriffswinkel von üblicherweise 20° lassen sich nur in Verbindung mit einem Schrägungswinkel herstellen /31/.

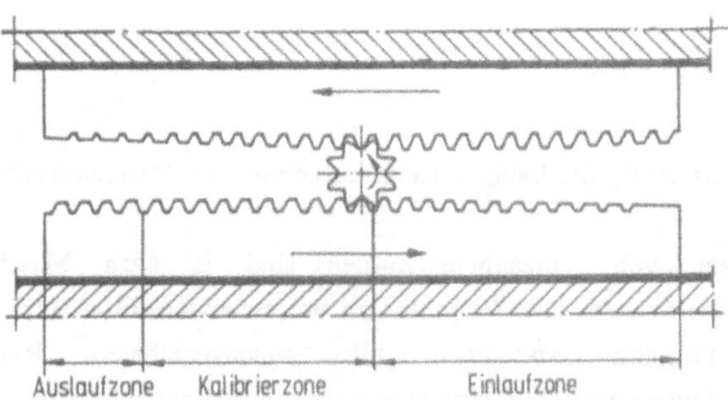

Bild 3: Verfahrensprinzip beim Querwalzen nach dem Roto-Flo-Verfahren.

Eine weitere Möglichkeit der Fertigung verzahnter Bauteile mittels Querwalzen stellt das in Polen entwickelte WPM-Verfahren dar /32, 33/. Walzmaschinen dieses Konstruktionsprinzips arbeiten mit zwei halbkreisförmigen innenverzahnten Werkzeugen, die über jeweils zwei Exzenterwellen angetrieben werden und so während einer Hubbewegung die Verzahnung am kompletten Umfang des Werkzeugs ausformen. Mit diesem in Bild 4 dargestellten Verfahren lassen sich Vielkeilprofile sowie gerad- und schrägverzahnte Evolventenprofile bis zu einem Modul von 3 mm herstellen /25/. Dem industriellen Einsatz zur Fertigung von Laufverzahnungen stehen derzeit noch Verzahnungsqualitäten der Klassen 8 bis 10 entgegen /29/, doch sollen diese mit Hilfe eines neuen Maschinenkonzepts verbessert werden können /26/.

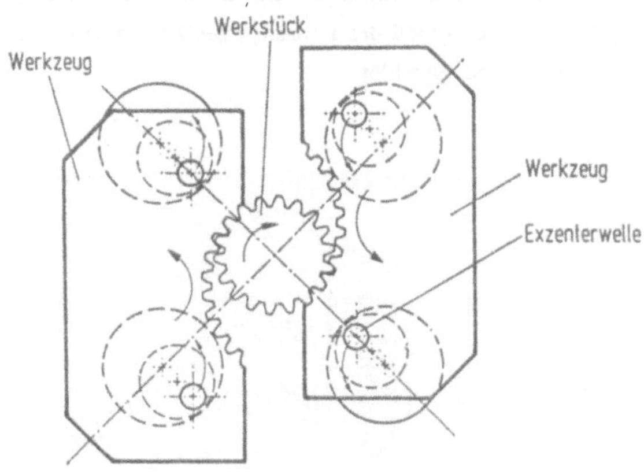

Bild 4: Verfahrensprinzip der WPM-Profilwalzmethode /33/.

Schmiedeverfahren

Mit den beim Schmiedevorgang einhergehenden hohen Prozeßtemperaturen sind im Vergleich zu kalt oder halbwarm angewandten Verfahren Vorteile wie ein erhöhtes Umformvermögen, geringerer Kraftbedarf und dadurch geringere Werkzeugbelastung aber auch Nachteile wie zusätzlicher Energiebedarf zur Erwärmung der Werkstücke, erhöhter Werkzeugverschleiß durch thermische Einflüsse sowie geringere Maßhaltigkeit nach dem Abkühlen der Teile verbunden.

Durch Optimierung des herkömmlichen Schmiedevorgangs mit seinen meist großen Bearbeitungszugaben entstanden in Verbindung mit einem wesentlich höheren zu betreibenden Aufwand bei der Herstellung der Werkzeuge zunehmend genauere Werkstücke bis hin zu Präzisionsschmiedestücken /34-37/. So werden bereits vielfach gerad- und bogenverzahnte Kegel- und Tellerräder präzisionsgeschmiedet, wobei die Verzahnung teilweise einbaufertig ist. Die Herstellung von geradverzahnten Stirnrädern ist in der Serienfertigung bereits in Verzahnungsqualität 9 bis 11 verwirklicht, während bei Schrägverzahnungen noch keine derartigen Ergebnisse bekannt sind /38, 39/. Bei dem in Bild 5 gezeigten Planetenrad wird der Werkstückwerkstoff durch Preßstempel axial gestaucht und radial in die Verzahnungsgravur verdrängt. Die im Werkstück verbliebene Schmiedewärme wird anschließend zur prozeßintegrierten Randschichthärtung genutzt. Die Hauptproblematik bei diesem Verfahren liegt in der Verwendung von verzahnten Stempeln, entlang derer sich aufgrund des Führungsspiels zwischen Stempel und Matrize ein schwer zu entfernender Grat ausbildet.

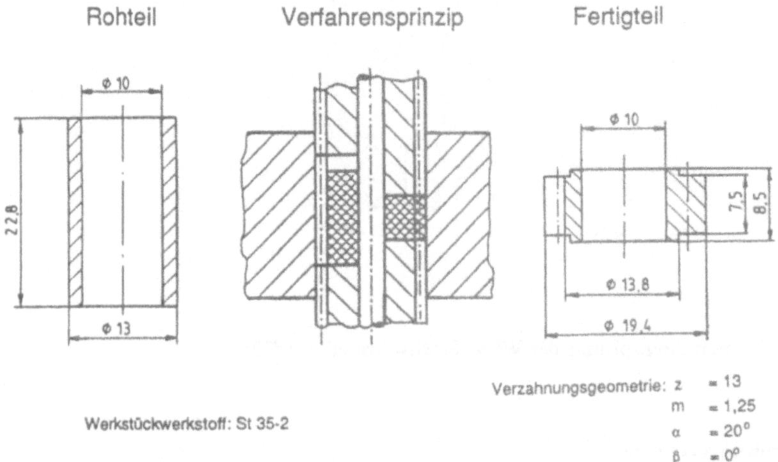

Bild 5: Beispiel für ein präzisionsgeschmiedetes Planetenrad /39/.

Als eine Variante des Präzisionsschmiedens hat das Pulverschmieden im industriellen Bereich zunehmend an Bedeutung erlangt, wobei die Folge Sintern/Umformen mittlerweile als beherrschbares Verfahren gilt und sich bereits in der Serienfertigung bewährt hat. Die lange Zeit gehegten Bedenken gegen schlechtere, vor allem dynamische Bauteileigenschaften gesinterter Werkstücke, bedingt durch die Kerbwirkung der Poren, haben sich nicht bestätigt, gelingt es doch inzwischen, bei Verwendung von gesinterten Rohteilen mit nahezu frei wählbarer Werkstoffzusammensetzung für den nachfolgenden Schmiedevorgang, homogene, nahezu porenfreie Werkstücke mit sehr guten Festigkeitseigenschaften zu fertigen /40, 41, 42/. Beim Vergleich eines pulvergeschmiedeten mit einem spanend hergestellten Zahnrad aus 16MnCr5 konnten dem Schmiedeteil sogar bessere Festigkeitswerte bescheinigt werden /42, 43/. Ebenfalls wird die gute Verschleißfestigkeit, die hohe Oberflächengüte und die Laufruhe pulvergeschmiedeter Zahnräder hervorgehoben /44/. Diesen Vorteilen stehen allerdings noch Verzahnungsabweichungen gegenüber, die bei einer Geradverzahnung nur bei den Profilabweichungen Klasse 8 erreichen und ansonsten bei Qualität 10 und schlechter liegen /42/. Ebenso stehen wirtschaftliche Gesichtspunkte wie hohe Kosten für das Metallpulver und teure Werkzeuge momentan einer noch weiteren Verbreitung des Verfahrens entgegen /45/.

Fließpreßverfahren

Für die Herstellung von gerad- und schrägverzahnten Werkstücken sind verschiedene Fließpreßverfahren und Verfahrenskombination geeignet. Für Außenverzahnungen, auf die sich die Ausführungen im folgenden beschränken, kommen die in Bild 6 skizzierten Verfahren Hohlvorwärts-, Napfvorwärtsfließpressen und Napfformstauchen sowie das in Bild 9 separat betrachtete Querfließpressen in Frage. Ein weiteres dem Fließpressen zuzuordnendes Verfahren stellt das in Bild 7 dargestellte Taumelpressen dar, das wegen seines breiten Spektrums auch verzahnter Werkstücke nicht unberücksichtigt bleiben darf.

Von den Fließpreßverfahren liegen die meisten Erkenntnisse über das Hohl-Vorwärts-Fließpressen von Verzahnungen vor /46-49/. Industrielle Anwendung hat das Verfahren zur Herstellung von geradverzahnten Anlasserritzeln gefunden, die bezüglich ihrer Qualitätsanforderungen weit geringere Ansprüche stellen als Laufverzahnungen /41, 42/. Im Gegensatz zum Napf-Vorwärts-Fließpressen, bei dem ebenfalls ein Preßrest verbleibt, ist dieser hier durch Verpressen im Paket (Samanta-Verfahren) sowohl bei Gerad- als auch bei Schrägverzahnungen vermeidbar /50, 51/. Dabei wird das erste Rohteil zunächst nur teilweise in die verzahnte Matrize eingepreßt, nach Zurückziehen des Preßstempels ein weiteres Rohteil eingelegt und mit dessen Einpressen das erste vollständig umgeformt und ausgepreßt. Damit erreichte Samanta bei Schrägverzahnungen in den siebziger Jahren bereits Verzahnungsqualitäten der Klasse 11 /51, 52/.

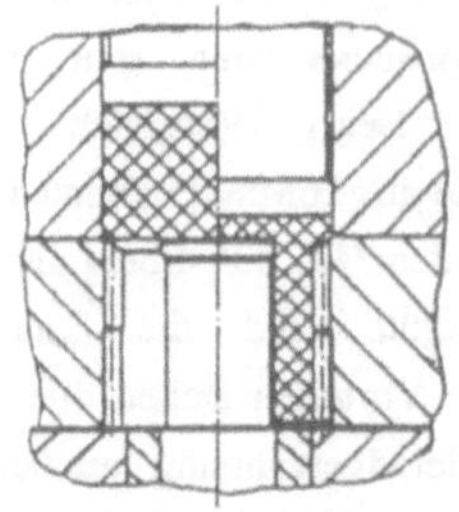

Napf-Vorwärts-Fließpressen

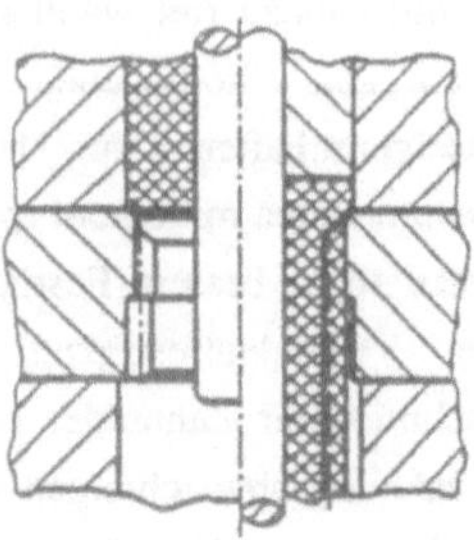

Hohl-Vorwärts-Fließpressen

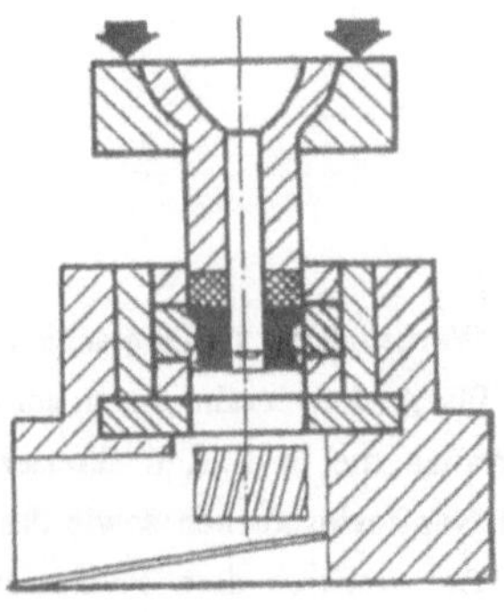

Hohl-Vorwärts-Fließpressen
im Paket

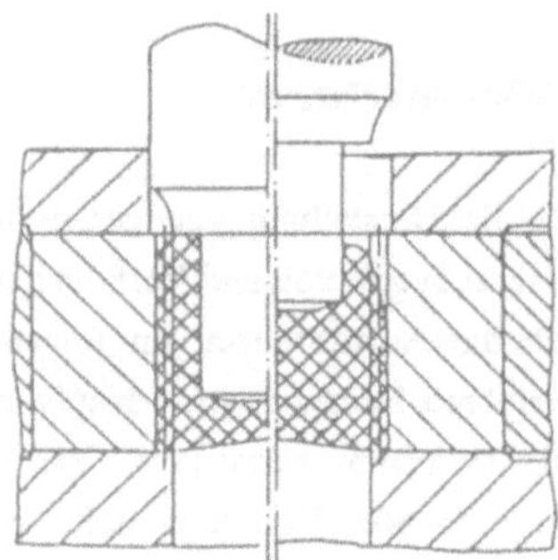

Napf-Formstauchen

Bild 6: Fließpreßverfahren zur Herstellung von Außenverzahnungen.

Systematische Untersuchungen des Verfahrens Mitte der achtziger Jahre brachten die starke Abhängigkeit der Verzahnungsqualität von verschiedenen Parametern hervor /53, 54, 55/. Dazu gehören sowohl Schulteröffnungswinkel, Schulterlänge, Vorspannung der Matrize sowie der eingesetzte Schmierstoff. Während bei Geradverzahnungen mit einem Modul von 2 mm unter optimierten Bedingungen und nach dem Schleifen der Bohrung Verzahnungsqualitäten der Klasse 7 erreicht werden konnten, fiel die Qualität der Räder bei einem Modul von 3,5 mm bei der Flankenlinie und -form um bis zu drei Klassen ab /53/. Bei Laufrädern mit einem Schrägungswinkel zwischen 20° und 30° traten durchweg negative Werte für die Linienwinkelabweichung auf, d.h. der erzeugte Schrägungswinkel war kleiner als der durch die Werkzeuge vorgegebene. Dabei betragen die Abweichungen für die rechten Flanken mehr als das Doppelte der linken, was auf das beim Laufrad ungünstige Verhältnis von wirksamer Kalibrierlänge zu Verzahnungslänge zurückgeführt wird /56/. Insgesamt konnten unabhängig von der Verzahnungsgeometrie auch durch die verfahrensbedingte Unterbrechung des Preßvorgangs ohne Korrektur der Werkzeuge nur Verzahnungsqualitäten der DIN-Klassen 10 bis 11 erreicht werden.

Für die Höhe der Maß- und Formfehler wird die Umformkraft als wesentliche Einflußgröße angegeben. Diese läßt sich jedoch durch Optimierung der Werkzeug- und Prozeßparameter nur in begrenztem Maße verringern. Deshalb wurde in /48/ der Umformvorgang in die zwei Stufen Vorpressen und Kalibrieren unterteilt. Dabei konnten in der Kalibrierstufe, ausgehend von einem durch Innenprofilschleifen in der Qualität 4 hergestellten Werkzeug, die Verzahnungsqualitäten von geradverzahnten Stirnrädern um 1 bis 2 Klassen verbessert werden /57, 58/.

Bei der noch jungen Verfahrenskombination Napfformstauchen sind - je nach Abmessung des gerad- oder schrägverzahnten Zahnrades - die Verfahrensanteile Napfpressen und Formstauchen in unterschiedlicher Reihenfolge zu kombinieren. Bei beiden Verfahrensfolgen werden radiale Werkstoffbewegungen in unterschiedlichen Werkstückebenen ausgelöst, die in einem gewissen Geometriebereich zu einer vollständigen Ausformung der Verzahnung über der gesamten Werkstückhöhe führen können. Insgesamt konnten mit dem Verfahren Formstauchen bei einer Schrägverzahnung aus 42CrMo4 Qualitäten der Klassen 9 bis 10 für Flankenlinienabweichungen und 12 und schlechter für Profilabweichungen ermittelt werden. Dabei wurde festgestellt, daß die Profil- und Winkelabweichung auf Schwankungen der Prozeßparameter (z.B. Fließspannung des Werkstückwerkstoffs) und auf korrigierende Maßnahmen zum Ausgleich mittlerer Verzerrungen besonders empfindlich reagiert /59/.

Beim Taumelpressen führen die kleinen partiellen Berührflächen während der Umformung zu wesentlich geringeren Umformkräften als bei herkömmlichen Fließpreßverfahren. Daraus resultieren höhere Standzeiten der Werkzeuge aufgrund ihrer geringeren Belastung sowie größere erzielbare Formänderungen, was bei komplexen Umformteilen zur Einsparung von Umformstufen führt /60, 61, 62, 63/. Diese Vorteile gehen jedoch einher mit dem Nachteil der wesentlich längeren Fertigungszeiten. Industriell angewandt wird das Verfahren für Werkstückgeometrien wie Flanschteile, Lagerschalen und Zahnräder /64, 65, 66, 67/ (Bild 7). Mit einer Anpassung der Rohteilgeometrie an die des Fertigteils mit dem Ziel der Reduzierung des Umformgrades sowie dem Einsatz der optimalen

Taumelbewegung konnten unter labormäßigen Bedingungen Verzahnungsqualitäten der Klassen 7 bis 9 erzielt werden /68/.

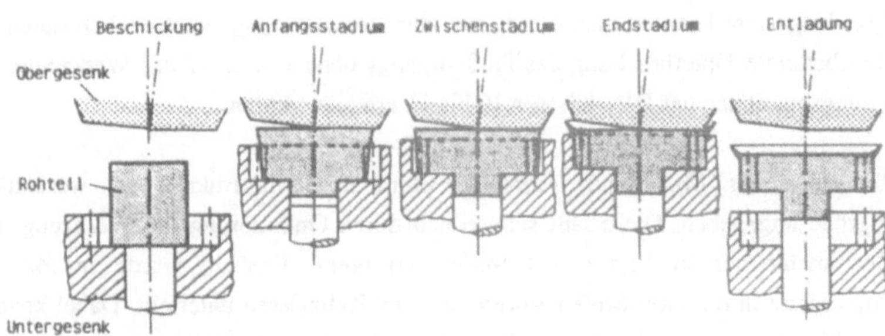

Bild 7: Prinzip der Herstellung von Stirnrädern durch Taumelpressen.

Aufgrund gestiegener Anforderungen sind heute einsatzgehärtete Laufräder üblich, wobei die durch Umformen erzielte Kaltverfestigung bei weitem nicht ausreicht, um den Härtevorgang zu ersetzen. Verbunden mit dem Härten des Zahnrades ist der sogenannte Härteverzug, der sowohl bei spanender als auch bei umformtechnischer Herstellung der Vorverzahnung auftritt. Diese Verminderung der Verzahnungsgenauigkeit resultiert aus dem Umwandlungsverhalten des Stahles in Verbindung mit dem notwendigen Zeit-Temperaturverlauf beim Aufkohlen und Härten. Als Folge davon ergeben sich Volumenänderungen sowie Verformungen aufgrund von Eigenspannungen /69/. Bei den umformenden Herstellungsverfahren sind beträchtliche freiwerdende Eigenspannungen, die durch den Preßvorgang hervorgerufen wurden, die Hauptursache für den Härteverzug.

Bei den spanenden Herstellungsverfahren liegt die Qualitätsverminderung aufgrund von Härteverzug bei etwa zwei DIN-Klassen. Beim Grob-Walzen verschlechtert sich die Qualität durch den stark begrenzten plastisch umgeformten Werkstoffbereich nur um eine Klasse. Beim Hohlvorwärtsfließpressen beträgt der Qualitätsabfall 2 bis 3 Klassen /70/, beim Einsatz einer Kalibrierstufe immerhin noch 2 Klassen. Beim Napfformstauchen zeigen die beiden Formabweichungen nahezu keine Reaktion auf den Härtevorgang, wohingegen sich die Profil- und Linienwinkelabweichung signifikant verschlechtern /59/. Beim Taumelpressen mit optimiertem Rohteil und geeigneter Werkzeugauslegung sind durch das Einsatzhärten nur sehr geringe Veränderungen der Verzahnungsqualität um maximal 1 DIN-Klasse zu verzeichnen /68/. Das Pulverschmieden weist aufgrund des sehr homogenen Eigenspannungszustandes im Werkstück ebenfalls nur einen sehr geringen Härteverzug auf /42/.

Insgesamt kann gesagt werden, daß ein enger Zusammenhang zwischen dem Grad der Verformung und der späteren Verzahnungsqualität durch Freisetzen der induzierten Eigenspannungen besteht.

2.2.2 Querfließpressen

Das hier betrachtete Verfahren Querfließpressen ist Fließpressen mit Werkstofffluß quer zur Werkzeughauptbewegung. Es unterscheidet sich vom Stauchen oder Anstauchen hauptsächlich dadurch, daß die formgebende Werkzeugöffnung während des Vorgangs unverändert bleibt. Das Verfahren eignet sich zur Herstellung von Werkstücken mit Flanschen und/oder Bunden sowie von Werkstücken mit seitlichen Formelementen (Bild 8). Diese Nebenformelemente können hohle, kreiszylindrische und nicht kreiszylindrische Formen aufweisen, wobei diese an einem Preßteil auch mehrfach auftreten können /28/.

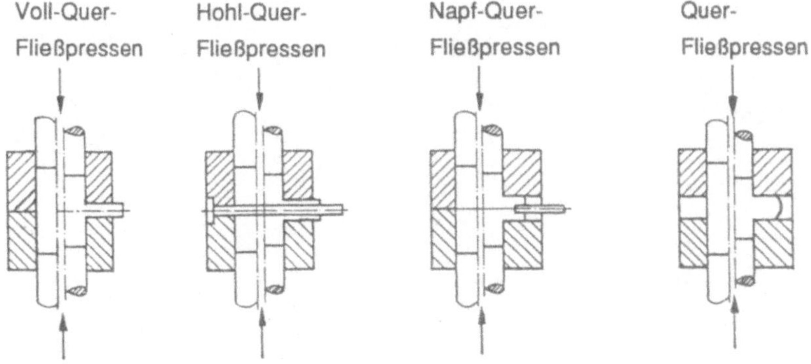

Bild 8:   Prinzipdarstellung der Verfahren des Querfließpressens /28/.

Die Entnahme der Werkstücke nach der Umformung macht eine vertikale oder horizontale Teilung des Werkzeuges notwendig. Während bei horizontaler Teilung die erforderliche Schließkraft einfach über die Stößelbewegung der Maschine erzeugt werden kann, ist dazu bei Werkstücken mit Nebenformelementen in mehreren Ebenen die aufwendigere vertikale Teilung zu wählen /71/. Bild 9 zeigt das Prinzip des Querfließpressens von schrägverzahnten Stirnrädern mit den dabei auftretenden Kraftkomponenten, das Gegenstand umfangreicher Untersuchungen war, in deren Verlauf sowohl die Eignung,

Vor- und Nachteile sowie Grenzen des Verfahrens aufgezeigt werden sollten. Dabei konnte sowohl die Eignung des hierfür entwickelten Werkzeuges als auch des Verfahrens insgesamt zur Herstellung von schrägverzahnten Stirnrädern unterschiedlichster Verzahnungsgeometrien nachgewiesen werden /72, 73/.

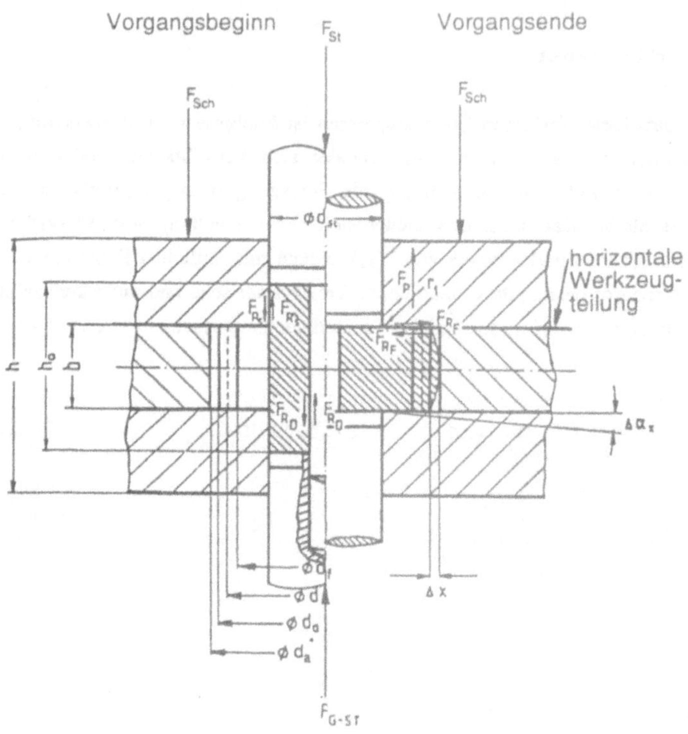

Bild 9:   Schema des Querfließpressens von Außenverzahnungen.

Ausgehend von einem dickwandigen Hohlzylinder, dessen Volumen sehr genau auf das des Zahnrades abzustimmen ist, wird bei diesem Verfahren nach dem Schließen des Werkzeuges und dem Aufbringen der notwendigen Schließkraft das Rohteil durch die beiden unverzahnten, sich aufeinander zubewegenden Stempel umgeformt. Durch die entgegengesetzt gleiche Geschwindigkeit von Stempel und Gegenstempel wird ein bezüglich der Werkstückmittelebene symmetrischer Werkstofffluß erreicht. Nach dem Anlegen des Werkstoffs am Dorn ist der Stofffluß vorwiegend radial nach außen und somit quer zur Wirkrichtung der Maschine gerichtet, wodurch die Zahnlücken zunächst stärker in der Mittelebene und nach dem Anlegen des Werkstücks im Fußkreis der Matrize zu beiden Stirnflächen hin ausgefüllt werden. Durch des Abheben des Oberwerkzeuges mitsamt dem Dorn erfolgt eine Reduzierung der Vorspannung, mit der das umgeformte Werkstück in der Matrize festgeklemmt wird. Der Preßzyklus wird durch Betätigen des Auswerfers, der den Gegenstempel nach oben und somit das Zahnrad aus der Matrize schiebt, abgeschlossen.

Im Gegensatz zu einigen anderen umformtechnischen Verfahren zur Herstellung von Stirnrädern ist es beim Querfließpressen weiterhin möglich, zusätzliche Nebenformelemente wie Wellenansätze oder einfach Ringnuten zur Werkstoffeinsparung und somit Gewichtsreduzierung in die Stirnflächen zu integrieren und somit umformtechnische Vorteile gegenüber spanenden Verfahren deutlicher hervorzuheben.

2.2.3 Werkzeuge zum Querfließpressen schrägverzahnter Stirnräder

Die besonderen Eigenschaften der Werkstückgeometrie in Verbindung mit denen des eingesetzten Verfahrens wie das Auftreten axialer, den Stempelbewegungen entgegengerichteter Kraftkomponenten auf die Matrize und die zu einem Preßzyklus benötigten Schließ-, Umform- und Auswerfbewegungen stellen gezielte Anforderungen an die Konstruktion und Funktion des Werkzeuges. Als Versuchswerkzeug wurde deshalb in /72, 73/ aus mehreren Werkzeugkonzepten, die sich vor allem in der Lösung der Auswerfproblematik der schrägverzahnten Stirnräder unterschieden, eine Variante realisiert, die einen einwandfreien Verfahrensablauf sicherstellen und durch ein flexibles Baukastensystem die Variation der formgebenden Werkzeuggeometrie in großen Bereichen ermöglichen sollte. Zur Erfassung diverser Prozeßkenngrößen wurden in das Werkzeug geeignete Kraft- und Wegaufnehmer integriert, da bisher keine derartigen Ergebnisse vorlagen und die komplexe Werkstückgeometrie beim Querfließpressen nur eine grobe Abschätzung der notwendigen Schließ-, Umform- sowie Auswerferkräfte erlaubt. Die Auslegung der einzelnen Komponenten erfolgte dann so gut wie möglich für die gängigen Zahnradwerkstoffe 16MnCr5 und 20MoCr4, wovon nur der erstgenannte bei den experimentellen Untersuchungen zum Einsatz kam.

Das Aufbringen der Schließkraft erfolgte über Schließwerkzeuge in den einzelnen Werkzeughälften (Bild 10), wobei hydraulisch vorgespannte Ringkolben in Verbindung mit stickstoff-/ ölgefüllten Blasenspeichern eine exakte Einstellbarkeit des Schließdruckes ermöglichen. Durch die Verwendung je einer solchen Hydraulikeinheit im Ober- und Unterwerkzeug ist es ebenfalls möglich, die für einen symmetrischen Stofffluß notwendige gegenläufige Stempelbewegung auf einfachwirkenden Pressen zu realisieren. Weiterhin lassen sich durch unterschiedliche Drücke in beiden Einheiten unterschiedliche zylindrische Rohteilrestlängen erzeugen, womit das Verfahren auch bei diversen Ritzel-/ Wellen-Kombinationen Anwendung finden könnte.

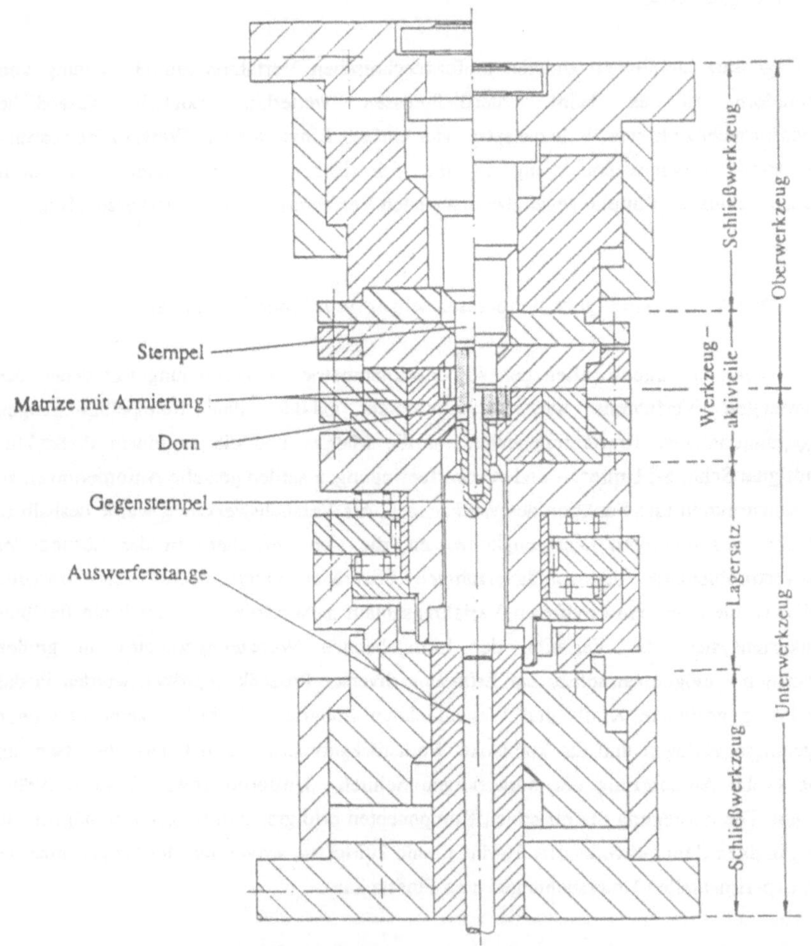

Bild 10: Versuchswerkzeug zum Querfließpressen von Schrägverzahnungen (nach /72/).

Vorgaben bei der Lösung des Auswerfproblems bei schrägverzahnten Stirnrädern führten zu einem Werkzeug, das zum Aufbringen der notwendigen rotatorischen Relativbewegung zwischen Werkzeug und Werkstück ohne Zwangsführungen auskommt, um auch auf Änderungen des Schrägungswinkels möglichst flexibel und kostengünstig reagieren zu können. Die hierfür in das Unterwerkzeug integrierten Lagerungen sind außerhalb des Preßkraftflusses angeordnet, um auch im Dauerbetrieb eine hohe Standzeit zu gewährleisten.

Beim Auswerfen von schrägverzahnten Stirnrädern mit der genannten Anordnung wird mit dem Auswerferstift über den Gegenstempel gegen das in der Matrize festsitzende Werkstück gedrückt. Durch den Schrägungswinkel dreht sich dabei der frei drehbar gelagerte Matrizenverband durch die in Umfangsrichtung wirkende Komponente der Auswerferkraft unter dem reibschlüssig mit dem Gegenstempel verbundenen Werkstück weg.

Das allseitig geschlossene Gesenk wird gebildet aus der armierten Matrize, zwei ebenfalls vorgespannten Schließplatten, durch die der Stempel und der Gegenstempel bei der Umformbewegung geführt werden, sowie dem im Stempel fixierten und im Gegenstempel geführten Dorn (Bild 11). Dabei ist es wichtig, das Führungsspiel zwischen den einzelnen Werkzeugkomponenten so klein wie möglich zu halten, um während des Preßvorgangs die Ausbildung eines schwer zu entfernenden Grats zu vermeiden. Die Zentrierung des Werkzeughälften erfolgt über die Außendurchmesser der Matrizenverbände und die Spannringe. Durch diese Anordnung konnte eine hohes Maß an Flexibilität sichergestellt werden. Durch Austausch nur der verzahnten Matrize konnten in einer Parameterstudie bei gleichgehaltenem Fußkreisdurchmesser der Verzahnungen folgende Geometriebereiche abgedeckt werden:

- Schrägungswinkel $\quad\beta\quad = 20,36°\ ...\ 34,63°$
- Normalmodul $\quad m_n = 1,5\quad ...\ 2,6\,\text{mm}$
- Zähnezahl $\quad z\ = 14\quad ...\ 24$
- Zahnradbreite $\quad b\ = 12\quad ...\ 20\,\text{mm}$

Zusätzlich zu diesen Modellgeometrien wurde ein Realrad, das derzeit das Schieberad für den 4. Gang eines Mittelklassewagens darstellt, für eine Verfahrensstudie (einstufige, zweistufige, Halbwarmumformung) sowie Standzeitversuche und technologische Untersuchungen eingesetzt. Dieses Rad mit der Bezeichnung ZR30 wurde daher als Gegenstand für die vorliegende Untersuchung gewählt.

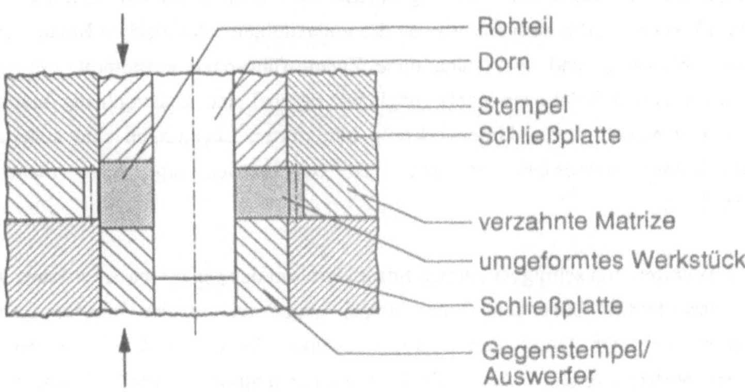

Bild 11: Skizze der Werkzeugaktivteile, Ausschnitt aus der Werkzeugkonstruktion.

Zum Einsatz kamen bei der verzahnten Matrize sowohl pulvermetallurgisch hergestellte Kaltarbeitsstähle wie CPM Rex M4, K 190 PM und ASP23 als auch schmelzmetallurgisch gefertigte Werkstoffe wie X 155 CrVMo 12 1 und RDC8. Zu deren radialen Vorspannung wurden herkömmliche Doppelarmierungen, bandgewickelte Armierungen und bandgewickelte Armierungen mit Hartmetallring verwendet.

2.3 Werkstückgenauigkeit ohne Korrektur der Werkzeuge

Die beim Querfließpressen erzielbare Qualität der schrägverzahnten Stirnräder hängt außer von der Qualität der abformenden Werkstückkontur in starkem Maße von den hohen Preßkräften und den damit verbundenen elastischen Deformationen der einzelnen Zähne sowie der elastischen Aufweitung der gesamten Matrize ab.

Während für Laufräder in PKW-Getrieben Qualitäten der Klassen 6 bis 8 beim 2. bis 5. Gang bzw. 9 beim ersten und Rückwärtsgang üblich sind, wurde in /73/ als Ziel die Herstellung von Zahnrädern in Vorverzahnungsqualität angestrebt. Das heißt, die Räder sollten Qualitäten 9 bis 10 aufweisen, wobei laut früheren Untersuchungen /28, 74/ die Klassen 10 und besser beim Fließpressen nur durch Sondermaßnahmen oder in Ausnahmefällen erreichbar sind. Gleichzeitig kann davon ausgegangen werden, daß zwischen der Werkzeug- und geforderten Werkstückqualität notwendigerweise ein

Unterschied von 2 bis 3 Klassen liegen sollte, um die Summe der systematischen und zufälligen Fehler während der Fertigung aufzufangen.

Die deshalb erforderlichen Werkzeugqualitäten der Klassen 6 bis 7 wären durch Schleifen der Innenschrägverzahnungen problemlos erreichbar gewesen, doch schied dieses Verfahren bei dem kleinen Teilkreisdurchmesser in Verbindung mit dem relativ großen Schrägungswinkel wegen des hohen technischen Aufwandes und der damit verbundenen hohen Kosten aus. Das ersatzweise gewählte Einbringen der Verzahnung mittels Funkenerosion reichte trotz hoher Qualitäten der geschliffenen Erodierelektroden nicht durchweg an die geforderten Qualitätsklassen heran (siehe 7.3). In diesem Schritt von der Elektrode zur senkerodierten Matrize sind trotz Optimierung der Elektrodengeometrie und des Erodiervorgangs Qualitätsverluste zu verzeichnen, die jene mit dem Preßvorgang einhergehenden noch übersteigen /1/.

So liegen die beim Querfließpressen der schrägverzahnten Stirnräder aus 16MnCr5 erreichten Verzahnungsqualitäten für die Teilungsabweichungen bei den Klassen 8 bis 10 wobei die Einzelabweichungen bei Klasse 8 und besser liegen. Der Rundlauf liegt bei Klasse 8 bis 10, das Zweikugelmaß mit einer Schwankungsbreite der Meßwerte von 0,05 mm um etwa 0,5 mm über dem vorgegebenen Wert. Dies wird auf die radiale Aufweitung der Matrize zurückgeführt und kann durch Messungen des Kopfkreisdurchmessers und Ergebnissen aus einer BEM-Simulation bestätigt werden. Die Profilabweichungen liegen innerhalb der Qualitätsklasse 10 und genauso wie Profilwinkel- und Profilgesamtabweichung der Flankenseite um ca. 2 Qualitätsklassen schlechter als die Matrizenverzahnung. Die Profilwinkelabweichung der rechten Flanken liegt mit Qualitätsklasse 12 um zwei Klassen schlechter als die der linken Flanken. Die Linienformabweichung liegt bei Qualitätsklasse 8 und besser, wobei die rechte Flanke durchweg um 1 bis 2 Klassen besser ist. Der Linienwinkel auf der linken Flanke liegt mit Abweichungen von -170 µm schlechter als Klasse 12, auf der rechten Seite mit Werten um -60 µm bei Qualitätsklasse 11. Dies bedeutet, daß sich der Matrizenzahn unter Last aufrichtet und so der Schrägungswinkel - links mehr, rechts weniger - verkleinert wird. Diese großen Winkelabweichungen wirken sich auch auf die Linien-Gesamtabweichung aus, die rechts bei Qualitätsklasse 10 und links schlechter als Klasse 12 liegt.

Insgesamt treten einerseits verfahrensunabhängige Verzahnungsabweichungen auf, die nur durch Herstellung genauerer Werkzeuge verringert werden können, andererseits die radiale Matrizenaufweitung und die damit verbundenen Abweichungen sowie das Aufrichten des Zahnes und die daraus folgende Verkleinerung des Schrägungswinkels, die durch

Korrektur der Verzahngsgeometrie teilweise vermieden oder zumindest verringert werden können. Das ist eines der wesentlichen Ziele der vorliegenden Arbeit.

2.4 Numerische Behandlung von Massivumformprozessen

Die numerische Betrachtung von Umformprozessen ist nach /75/ nicht Konkurrenz sondern als Ergänzung zu experimentellen Untersuchungen anzusehen, da momentan kein anderes Verfahren existiert, das eine vergleichbare Menge an detaillierten Informationen liefert wie die Prozeßsimulation, wenngleich quantitative Aussagen allein auf der Grundlage der Berechnungen mit ihren zahlreichen Annahmen bzw. Vereinfachungen bei der Modellbildung im allgemeinen nicht möglich sind. Deshalb erscheint es sinnvoll, die Methoden der Prozeßsimulation in der Praxis zunächst überwiegend als Hilfsmittel zur qualitativen Beurteilung von Umformvorgängen einzusetzen /76/. Dabei ist das ausgereifteste, genaueste und am weitesten verbreitete Verfahren zur Simulation umformtechnischer Vorgänge die Methode der Finiten Elemente (FEM).

Für die Betrachtung von Umformvorgängen auch hoher Komplexität steht mittlerweile eine Anzahl leistungsfähiger und komfortabler Programme zur Verfügung /77, 78, 79/. Echte industrielle Anwendungen beschränken sich aber bislang auf die Simulation von axialsymmetrischen oder zweidimensionalen Vorgängen der Massivumformung /80 bis 87/ wie z.B. der Herstellung von Rohteilen für die Zahnradfertigung /88/ (Bild 12).

Anhand einiger Beispiele sollen Entwicklungen bzw. Anwendungsfälle der FEM betrachtet werden.

Das auch hier eingesetzte Verfahren Querfließpressen wird bereits in /89/ mit einem starr-plastischen Werkstoffmodell, d.h. unter Vernachlässigung der elastischen Anteile, betrachtet. Das erschien sinnvoll, da bei großen Deformationen, wie sie bei den Verfahren der Massivumformung meist vorkommen, die lineare Aufteilung der Dehnungen in einen elastischen und plastischen Anteil nicht mehr gültig ist. Der Rechenlauf wird in einer Phase abgebrochen, in der ein neu formiertes Netz notwendig wäre. Errechnete Zugspannungen im äußeren Bereich des ausgepreßten Ringes bestätigen Erkenntnisse aus der Praxis, da in diesem Bereich bereits Risse festgestellt wurden.

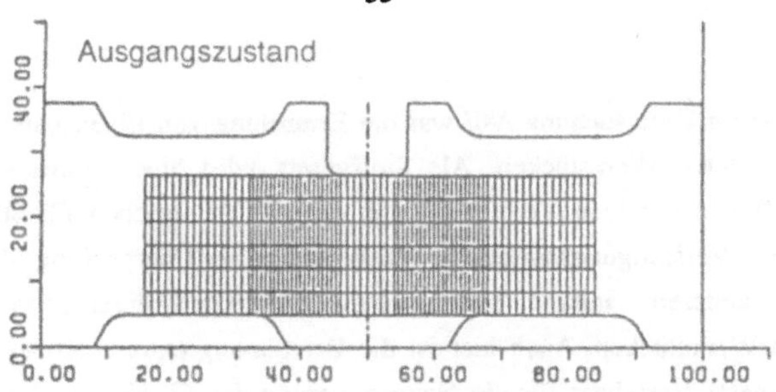

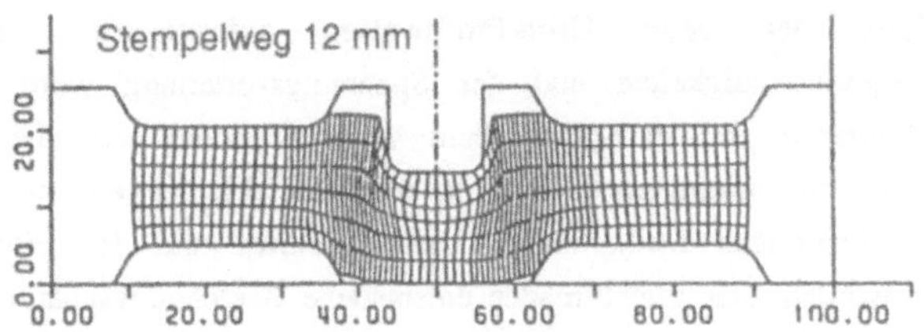

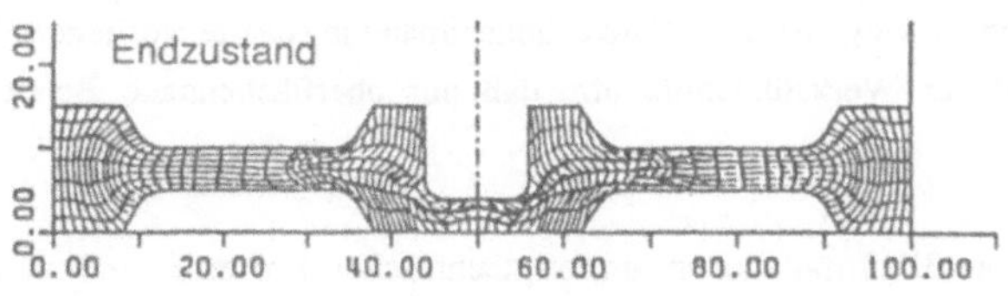

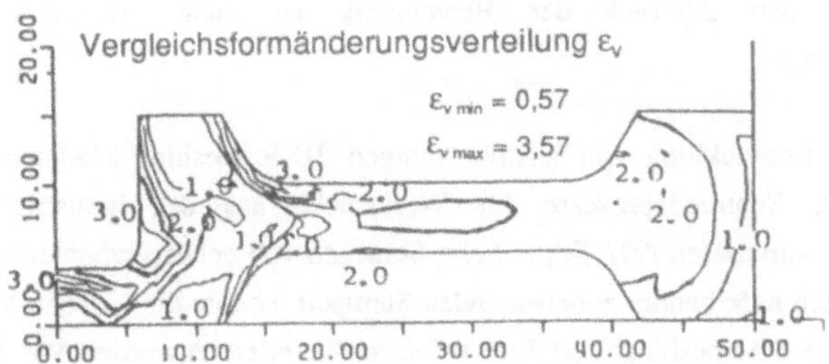

Bild 12: FEM-Simulation des Umformvorgangs zur Herstellung von Zahnradrohteilen /88/.

Ziel einer weiteren Untersuchung /90/ war die Ermittlung von Eigenspannungszuständen mit kaltumgeformten Werkstücken. Als Stoffgesetz wird eine modifizierte Form der Prandtl-Reuß-Beziehungen in Verbindung mit der von Misesschen Fließbedingung und einer isotropen Verfestigungshypothese verwendet. Die Überprüfung der Ergebnisse erfolgt unter anderem anhand experimentell ermittelter Eigenspannungswerte bei fließgepreßten Werkstücken. Auch hier ist die Berechnung extrem großer Umformgrade mangels geeigneter Verfahren für die Neugenerierung des FE-Netzes nicht durchgeführt worden.

Zur Ermittlung der beim Grob-Profilwalzen auftretenden Formänderungen, Formänderungsgeschwindigkeiten und der Spannungsverteilung wurde das in /85/ entwickelte Programm mit starr-plastischem Werkstoffmodell verwendet /87/. Dafür wurde ein Simulationsprogramm erstellt, in dem die üblicherweise über den ganzen Umfang des Werkstücks fortlaufenden Umformschritte nur für einen Ausschnitt nachvollzogen wurden. Der solchermaßen entstandene Berechnungsablauf ist in Bild 13 links schematisch anhand des verzerrten Netzes gegen Vorgangsende dargestellt. Das schrittweise Ausbilden der Verzahnung wird durch Schwenken der Werkzeuges bei zunehmender Eindringtiefe simuliert. Bild 13 zeigt rechts die rechnerisch ermittelte Verteilung der Vergleichsspannung σ_v für den Werkstoff C45V. Während im Bereich des Zahnfußes und entlang der Zahnflanke hohe Spannungswerte vorliegen, bestätigt deren starker Abfall zur Werkstückmitte hin, daß nur oberflächennahe Bereiche umgeformt werden.

Ergebnisse von 3D-Simulationen umformtechnischer Prozesse sind zwar seit einigen Jahren bekannt, doch beschränken sich diese auf relativ einfache Probleme /92, 93/. Auch kompliziertere Fälle wurden vereinzelt vorgestellt /94 bis 96/, doch ist auch hierbei das Problem des versagenden Werkstücknetzes aufgrund degenerierter Elemente stets die Ursache für den Abbruch der Berechnung vor dem eigentlichen Ende des Umformvorgangs.

Erst mit der Entwicklung von leistungsfähigen 3D-Remeshing-Modulen gelingt es in jüngster Zeit, Schmiedeprozesse für Werkstücke aus der industriellen Fertigung vollständig zu simulieren /97/. Sogar beim Stauchen von geradverzahnten Stirnrädern mit verzahnten, sich aufeinander zubewegenden Stempeln konnte die FEM in Verbindung mit einem modularen Remeshing-Verfahren erfolgreich eingesetzt werden /98/. Dabei wird das Werkstückmodell in verschiedene Zonen unterteilt, die jeweils durch ihre Geometrie oder den herrschenden Stofffluß charakterisiert sind. Diese Zonen, auch Module genannt, werden in Abhängigkeit von ihrer geometrischen Komplexität, dem Stofffluß und möglichem Kontakt mit Werkzeugkonturen unterschiedlich vernetzt. Sobald eines der verschiedenen Remeshingkriterien erfüllt ist, wird dieses Modul unabhängig von den angrenzenden neu vernetzt und die Berechnung fortgesetzt. Das Werkzeugmodell und die angewandte Remeshing-Technik sind in Bild 14 dargestellt.

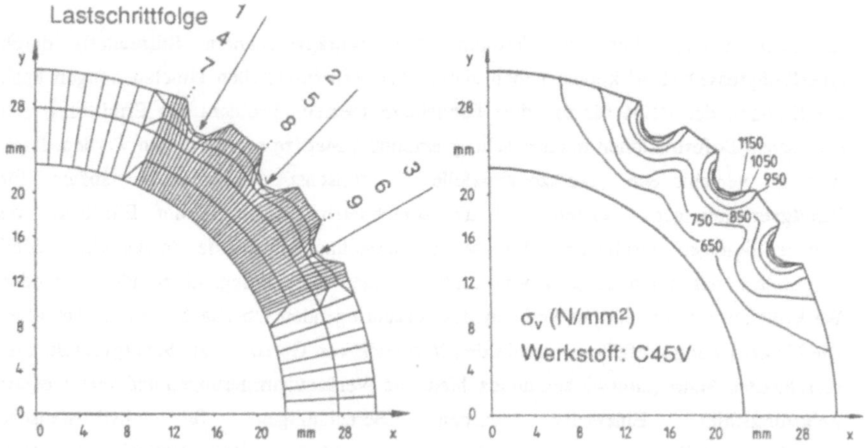

Bild 13: Lastschrittfolge bei der Simulation des Grob-Walzens und Verteilung der Vergleichspannung σ_v im umgeformten Querschnitt.

Neben der Ermittlung des Stoffflusses bei einem Umformvorgang und anderer sich daraus ergebender Größen wird die Methode der Finiten Elemente im linearen Bereich auch zur Ermittlung des elastischen Aufweitungsverhaltens der Werkzeuge /59/ sowie zur simulativen Untersuchung des Dauerbruchversagens von Fließpreßwerkzeugen eingesetzt /99/. Dabei lassen sich, ausgehend von genauen FEM-Ergebnissen der Werkzeugbeanspruchung und -verformung eines vollständigen Umformzyklus, Rißeinleitung und -wachstum durch Kombination von FE-Analyse und Bruchmechanik simulieren.

Als Alternative zur linear-elastischen Finite-Elemente-Simulation bietet sich die Boundary-Elemente-Methode (BEM) zur Bestimmung rein elastischen Werkstückverhaltens an. Sie hat gegenüber der FEM den Vorteil, daß ein zu untersuchendes Bauteil nur in seiner Oberfläche durch Geometriedaten erfaßt werden muß, was speziell bei dreidimensionalen Problemstellungen zu einer erheblichen Reduktion der benötigten Datenmengen führt. Das noch junge Berechnungsverfahren mit seinen wenigen Anwendungserfahrungen /100 bis 102/ wurde in /103/ einer gründlichen Überprüfung seiner Genauigkeit und Zuverlässigkeit unterzogen. Dabei wurde außer an Fließpreßmatrizen mit quadratischem bzw. rechteckigem Durchbruch auch an einer Matrize zum Hohl-Vorwärts-Fließpressen von geraden Stirnverzahnungen Spannungen und Verformungen berechnet.

In einer Studie über die Fertigung von schrägverzahnten Stirnrädern durch Querfließpressen /104/ konnte neben zahlreichen experimentellen Untersuchungen auch die Eignung der BEM für das dort betrachtete spezielle Problem der Ermittlung von elastischen Deformationen in einer schrägverzahnten Matrize nachgewiesen werden. Dazu wurden verschiedene Werkzeugmodelle - zunächst für Gerad-, später für Schrägverzahnungen - erstellt und die berechneten Ergebnisse auf Einflüsse von Randbedingungen verglichen. Für weitere Berechnungen wurde daraus ein Modell ausgewählt, das einen guten Kompromiß zwischen dem zwingend zu idealisierenden Werkstückausschnitt und der Feinheit des aufzubringenden Oberflächennetzes darstellte. Die Untersuchung umfaßte weiterhin den Vergleich von Gerad - und Schrägverzahnung, verschiedene Schrägungswinkel, unterschiedliche Werkzeugarmierungen und verschiedene Belastungsfälle. Einerseits wurden Berechnungen für hydrostatische Innendruckverteilungen von p_i = 1500 N/mm^2 und p_i = 1900 N/mm^2 angestellt, andererseits wurde eine mittels 2D-FEM-Simulation berechnete variable Innendruckverteilung mit überwiegend radialer Werkzeugbelastung zugrundegelegt /105/.

Trotz der notwendigerweise getroffenen Vereinfachungen und angenommener Randbedingungen an den Werkzeugschnittflächen stimmten die errechneten Werte gut mit den gemessenen überein. So wurde z.B. auf beide Arten eine mittlere radiale Aufweitung von 0,6 mm ermittelt. Unterschiede zeigten sich jedoch besonders bei Betrachtung der Flankenlinienwinkelabweichungen. Während die Simulation durchweg nahezu gleiche Werte für linke und rechte Flanken ergab, zeigten sich bei der Verzahnungsmessung an gepreßten Rädern deutlich unterschiedliche Abweichungen für den Flankenlinienwinkel. Während die Werte auf der rechten Flanke in beiden Fällen übereinstimmten, lagen die der linken Flanke mehr als doppelt so hoch wie die berechneten. Der Grund dafür wird nicht im Umformprozeß selbst sondern im Ausstoßen des Zahnrades aus der Matrize vermutet, da hierbei die Linksflanken des Zahnrades auf denen der Matrize abgleiten. Ein Nachweis für diese Vermutung konnte bislang jedoch noch nicht erbracht werden.

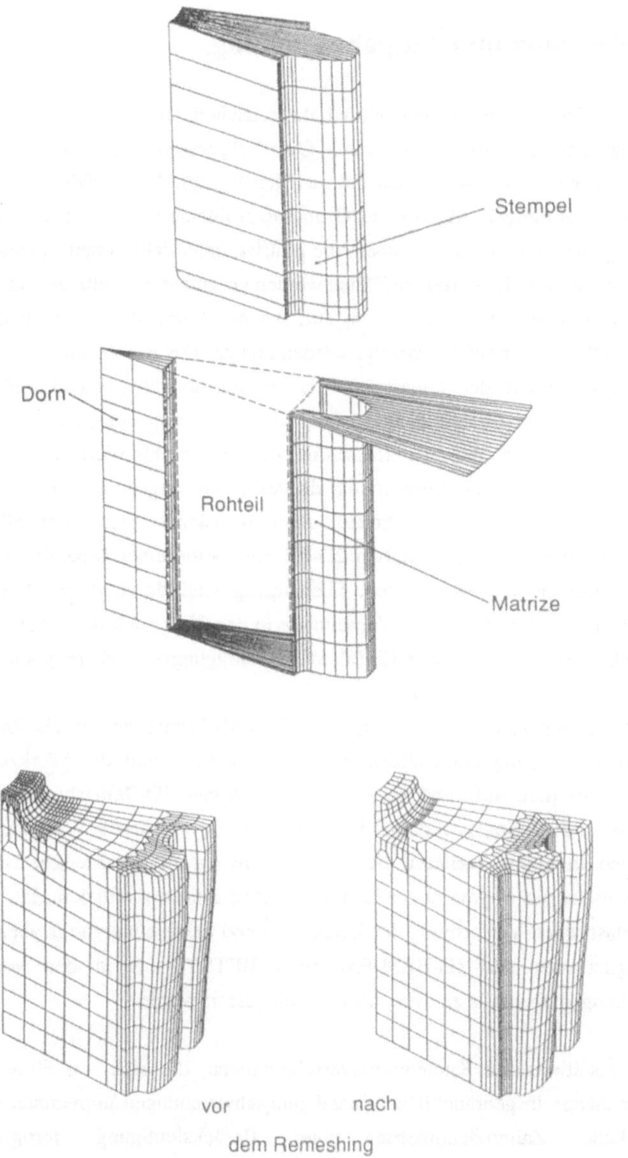

Bild 14: Modulares Remeshing bei der 3D-FEM-Simulation des Stauchens von geradverzahnten Stirnrädern: – Werkzeugmodell
– Netzzustände vor und nach dem Remeshing.

3 Zielsetzung und Aufgabenstellung

Die umfangreichen experimentellen und theoretischen Untersuchungen zur Herstellung von schrägverzahnten Stirnrädern durch Querfließpressen /73/ geben zwar berechtigte Hoffnung auf einen zu erwartenden industriellen Einsatz des Verfahrens, doch ist hierzu noch die Lösung einiger aufgedeckter Grundsatzprobleme notwendig. So weitet sich, wie Verzahnungsmessungen gezeigt haben, die Matrize unter dem hohen Innendruck während des Preßvorangs auf, die einzelnen Zähne werden gestaucht, d.h. kürzer und breiter, und es tritt eine s-förmige Zahndurchbiegung auf, die mit Berechnungen nach der Boundary-Element-Methode ebenfalls aufgezeigt werden konnte. Das hat Verzahnungsabweichungen zur Folge, die nicht der erwarteten Verzahnungsqualität spanend gefertigter Räder entsprechen. Da der Stofffluß und somit die Werkzeugbeanspruchung während des Vorgangs meßtechnisch nicht zu erfassen ist, konnten dort als Werkzeugbelastung, die die Grundlage für eine BEM-Berechnung darstellt, nur angenommene Werte eingesetzt werden. Außerdem ist der Prozeß zweidimensional nicht darstellbar, so daß Belastungswerte einer durchgeführten 2D-FE-Simulation eines Modellprozesses nur sehr bedingt verwendet werden konnten. Gleichzeitig sind durch diese Betrachtung eines ebenen Prozesses, der in etwa die Verhältnisse in der Werkstückmittelebene widerspiegelt, keine Rückschlüsse auf mögliche Einflüsse des Schrägungswinkels möglich.

Die Untersuchung soll deshalb über eine 3D-FEM-Simulation für ein Zahnrad aus der industriellen Fertigung Aufschlüsse über den Stofffluß und die Werkzeugbelastungen geben. Da bei dem aufgrund seines leistungsfähigen 3D-Remeshing-Moduls einzigen einsetzbaren Simulationsprogramm FORGE3 bislang nur starre Werkzeuge vorgesehen sind, sollen in einem weiteren Schritt die berechneten Werkzeugbelastungen an ein lineares Simulationsprogramm zur Ermittlung der elastischen radialen Matrizenaufweitung und der elastischen Verformung der Zähne während des Preßvorgangs übergeben werden. Dazu eignet sich das 3D-BEM-Programm BETSY, das in den vorangegangenen Untersuchungen ebenfalls zu diesem Zweck eingesetzt wurde.

Mit den resultierenden Knotenpunktverschiebungen, die sich mit Hilfe geometrischer Zusammenhänge in gebräuchliche Verzahnungsabweichungen umrechnen lassen, soll die ursprüngliche Zahnradgeometrie unter Berücksichtigung fertigungstechnischer Rahmenbedingungen so korrigiert werden, daß die unter Last entstehende Geometrie möglichst nahe an die Sollverzahnung heranreicht. Anschließend sind die Qualitäten der in vorverzerrten Matrizen gepreßten Zahnräder mit denen aus einem Werkzeug ohne Kompensation der elastischen Verformungen zu vergleichen.

Da bei dem betrachteten Realzahnrad, das auf möglichst kostengünstige spanende Herstellung ausgelegt ist, ein wesentlicher Vorteil der Umformtechnik - die Werkstoffersparnis - nur ungenügend zum Tragen kommt, sollen die Stirnflächen diesbezüglich einer Betrachtung unterzogen werden. Dabei soll gezeigt werden, daß es beim Einsatz umformtechnischer Herstellungsverfahren durch Profilierung der Stirnflächen möglich ist, den Werkstoffbedarf zur Herstellung des Zahnrades ohne Hinzufügen zusätzlicher Fertigungsschritte deutlich zu reduzieren.

Die Herstellbarkeit von Zahnrädern mit dem ausgewählten Stirnflächenprofil ist durch 2D-Stoffflußsimulationen bei optimierten Rohteilabmessungen für eine Geometrie nachzuweisen. Die Berechnungsergebnisse sollen anschließend mit experimentellem Nachweis belegt werden.

Für die bei einem möglichen industriellen Einsatz des Verfahrens in großen Stückzahlen benötigten Rohteile zur umformenden Herstellung der Zahnräder ist die optimierte Rohteilgeometie einem Herstellkostenvergleich bei unterschiedlichen Fertigungsvarianten zu unterziehen. Unter Berücksichtigung des sich ebenfalls vorteilhaft auswirkenden reduzierten Werkstoffbedarfs gegenüber den derzeit spanend hergestellten Rohteilen ist abschließend der Wirtschaftlichkeitsgewinn bei Abstimmung der Werkstückgeometrie auf das angewandte Herstellungsverfahren herauszustellen und zu bewerten.

4 Verzahnungsgenauigkeit

Ausgehend von den bei spanender Herstellung von Zahnrädern am häufigsten auftretenden Kombinationen von Einzel- und Sammelabweichungen wurden in DIN 3961 ... 3963 /106 bis 108/ zwölf nach Radabmessungen gestufte Genauigkeitsklassen festgelegt. Die in Abhängigkeit von der Verfahrensfolge Härten/Fertigbearbeiten erreichbaren Qualitätsklassen sind für Fertigungsverfahren, die bei der Herstellung von Zahnrädern für Kfz-Getriebe eingesetzt werden, in Bild 15 dargestellt.

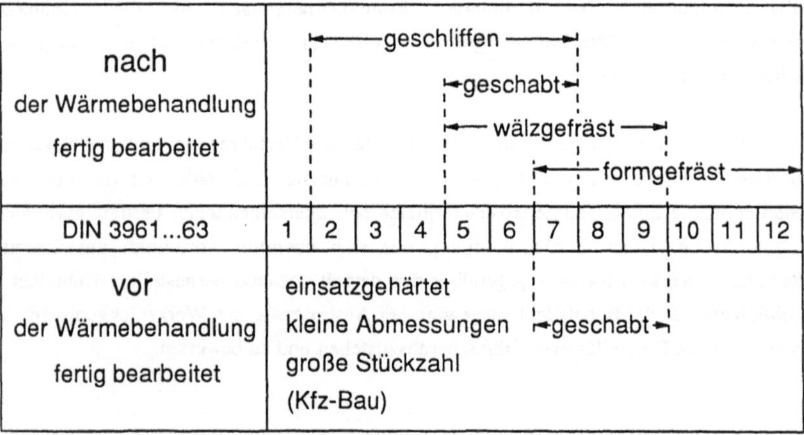

Bild 15: Herstellverfahren und erreichbare Verzahnungsqualitäten für Zahnräder.

Mit der Festlegung von Toleranzen bzw. der Qualitätsklassen für die Fertigung von Zahnrädern sind vor allem die folgenden beiden Punkte sorgfältig in Einklang zu bringen:

- Herstellung der Zahnräder so genau wie nötig, um einen störungsfreien Lauf im Getriebe zu gewährleisten
- Herstellung der Zahnräder mit größtmöglichen Toleranzen, um die Fertigungskosten so niedrig wie möglich zu halten.

Ist eine zufriedenstellende Funktion eines Rades im Getriebe erreicht, so ist eine weitere Einengung der Toleranzen nicht mehr sinnvoll, da im Bereich der üblicherweise für Laufräder geforderten Qualitäten 5 ... 8 mit dem Übergang auf die nächst feinere Klasse eine Kostensteigerung von 60 ... 80 % verbunden ist /109/.

4.1 Verzahnungskenngrößen

Während zur Prüfung und Klassifizierung von Zahnrädern eine große Anzahl von Abweichungen erfaßt und genormt ist, beschränkt sich die Verzahnungsprüfung in dieser Untersuchung auf die folgenden Abweichungen:

F_r	Rundlaufabweichung
F_p	Teilungs-Gesamtabweichung
f_{pt}	Teilungseinzelabweichung
f_u	Teilungssprung
F_α	Profil-Gesamtabweichung
$f_{f\alpha}$	Profil-Formabweichung
$f_{H\alpha}$	Profil-Winkelabweichung
F_β	Flankenlinien-Gesamtabweichung
$f_{f\beta}$	Flankenlinien-Formabweichung
$f_{H\beta}$	Flankenlinien-Winkelabweichung

Zusätzlich wird der Kopfkreisdurchmesser d_a und das normgemäß zur Erfassung der Zahndicke benutzte diametrale Zweikugelmaß M_{dK} der gepreßten Zahnräder zur Abschätzung der radialen Matrizenaufweitung aufgenommen. Nachfolgend werden die betrachteten Abweichungen schematisch dargestellt und entsprechend der Norm kurz erläutert.

Rundlaufabweichung

Unter der Rundlaufabweichung einer Verzahnung wird der radiale Lageunterschied der nacheinander alle Zahnlücken antastenden Meßkugel verstanden, wobei F_r den größten Unterschied zwischen den am Radumfang auftretenden Meßwerten angibt. Die Rundlaufabweichung wird im wesentlichen verursacht durch eine Außermittigkeit der Verzahnung bezüglich der Radachse und durch eine Ungleichmäßigkeit der Lückenweiten infolge von Teilungsabweichungen der Rechts- und Linksflanken.

Kreisteilungsabweichungen

Die in Bild 16 dargestellten Kreisteilungsabweichungen werden möglichst nahe am Teilkreis mittels 1-Flankenanlage oder selbstzentrierender 2-Flankenanlage gemessen. In die Meßwerte gehen auch Auswirkungen einer Außermittigkeit der Verzahnung sowie die

Rundlauf- und Teilungsmessung mit 2-Flankenanlage

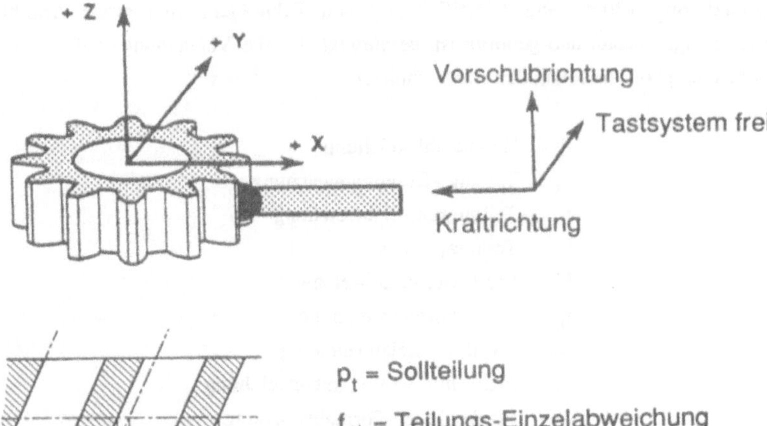

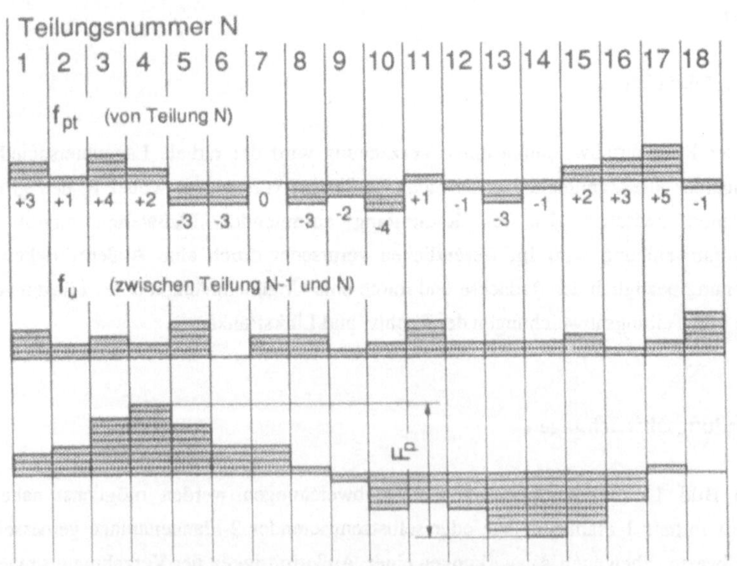

Bild 16: Teilungsmessung und Darstellung der Abweichungen.

Auswirkungen einer von Zahn zu Zahn unterschiedlichen Profilabweichung ein. Eine Teilungsabweichung f_p ist der Unterschied zwischen dem Istmaß und dem Nennmaß einer einzelnen Stirnteilung. Die Abweichungen f_p ergeben sich dabei als die Unterschiede zwischen den Einzelmeßwerten und dem Mittelwert aller Meßwerte. Die vorzeichenlos angegebene Teilungs-Gesamtabweichung F_p ergibt sich bei fortlaufender Summierung der Teilungs-Einzelabweichungen als Differenz zwischen dem algebraisch größten und kleinsten auftretenden Wert. Der Teilungssprung f_u berücksichtigt die Lage dreier benachbarter gleichnamiger Flanken zueinander, indem sie den vorzeichenfreien Unterschied zwischen den Istmaßen zweier Stirnteilungen der Rechts- oder Linksflanken angibt.

Flankenabweichungen

Die Flankenabweichungen am Stirnrad lassen sich in Profilabweichungen (Index α) und Flankenlinienabweichungen (Index β) unterteilen. Im Prüfbild werden sowohl die Nenn-Evolvente als auch die Nenn-Flankenlinie als Geraden dargestellt. Die Verzahnungsmessung beschränkt sich im allgemeinen auf den Bereich der nutzbaren Flanke, d.h. bei der Profilmessung auf den Bereich der Eingriffstrecke bei Paarung des Rades mit seinem Gegenrad und bei der Linienmessung auf die gesamte Zahnbreite.

Abweichungen der Zahnprofile werden stets in Stirnschnitten gemessen, da nur dort Evolventen des gewählten Grundkreises vorliegen. In der Auswertung wird zur Nenn-Evolvente eine ausgleichende Gerade als Bild der Ist-Evolvente ermittelt, die nach der "Methode der Summe der kleinsten Fehlerquadrate" berechnet wird. Eine Schräglage zur Nennevolvente zeigt eine Abweichung vom Nenn-Grundkreisdurchmesser oder vom Nenn-Eingriffswinkel an. Die Ermittlung der einzelnen Werte für die Profil-Gesamtabweichung F_α, die Profil-Formabweichung $f_{f\alpha}$ und die Profil-Winkelabweichung $f_{H\alpha}$ sind Bild 17 zu entnehmen.

Die Flankenlinie stellt in der Regel den Schnitt einer Zahnflanke mit dem Teilzylinder dar. Die im Prüfbild aufgezeichnete ausgleichende Gerade der Ist-Flankenlinie wird wie bei den Profilabweichungen berechnet und stellt die Schräglage zur Gerade der Nenn-Flankenlinie eine Abweichung vom Nenn-Schrägungswinkel β dar. Die Ermittlung der betrachteten Werte für die Flankenlinien-Gesamtabweichungen F_β, die

Flankenlinien-Formabweichung $f_{f\beta}$ und die Flankenlinien-Winkelabweichung $f_{H\beta}$ ist wieder in Bild 17 erklärt.

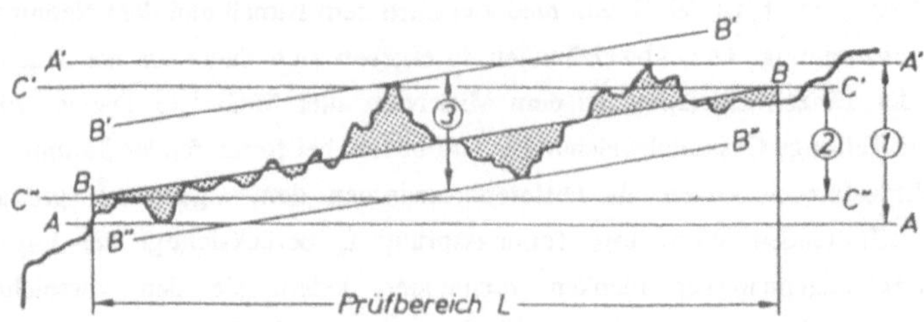

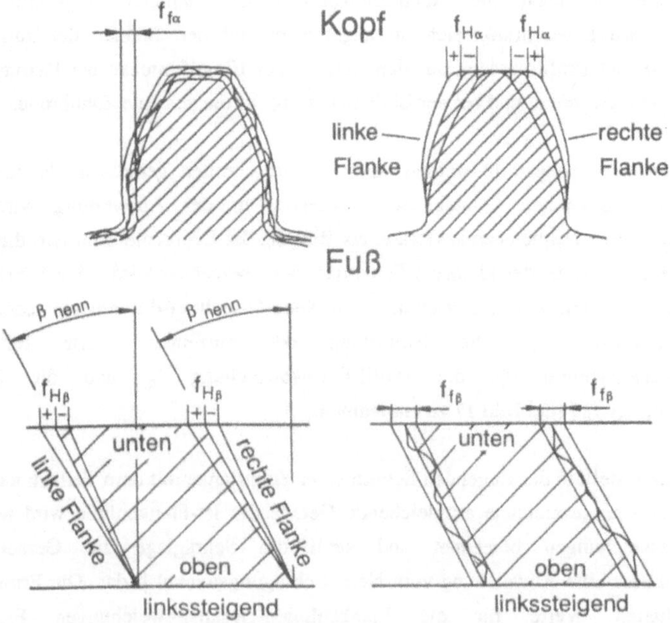

Bild 17: Ermittlung der Flankenabweichungen aus dem Prüfbild.

4.2 Verzahnungsmessung

Die Aufnahme der Verzahnungsabweichungen an Werkzeugen und gepreßten Werkstücken erfolgt auf einer 3D-CNC-Koordinatenmeßmaschine mit einem universellen Meßprogramm zur Eingabe von Tastkugeldurchmessern und zur Festlegung des Werkstückkoordinatensystems sowie mit einem speziellen Zahnradmeßprogramm zur Aufnahme der gewünschten Abweichungen mit vollautomatischem Ablauf.

Für die Profilmessung wird ein Tastkugeldurchmesser von 1 mm verwendet, während für die Linienmessung mit 2-Flankenanlage sowie für Teilung und Rundlauf eine Tastkugel mit 3 mm Durchmesser vorgesehen ist. Zusätzlich ist ein senkrechter Taster zur Bestimmung der Drehtischachse sowie der rechnerisch ausgerichteten Lage des Werkstückes notwendig. Nach Montage der in Bild 18 dargestellten Taststiftkombination erfolgt meist die Tasterkalibrierung und danach die Bestimmung und das Abspeichern der Drehtischachse. Anschließend wird die zu messende Matrize bzw. das Zahnrad auf dem Drehtisch bzw. in dessen Spannfutter fixiert. Eine genaue mechanische Ausrichtung ist dabei nicht erforderlich, da vorhandene Exzenter- und Taumelfehler rechnerisch kompensiert werden.

Nach der rechnerischen Ausrichtung des Zahnrades ist es erforderlich, die Werkstückachse mit der Drehtischachse zu koppeln, wonach das Zahnradmeßprogramm gestartet werden kann. Vor dem Beginn des Meßablaufs ist dort die Eingabe von Zahnraddaten, Meßbedingungen, Vorgaben für die Auswertung und die Dokumentation, die hier nach DIN erfolgen, notwendig. Diese Daten können in einem Zahnradkatalog abgespeichert und bei Bedarf erneut aufgerufen werden. Der Meßablauf selbst erfolgt entsprechend einer Vorgabe standardgemäß oder mit eigenem, d.h. benutzerdefiniertem Ablauf.

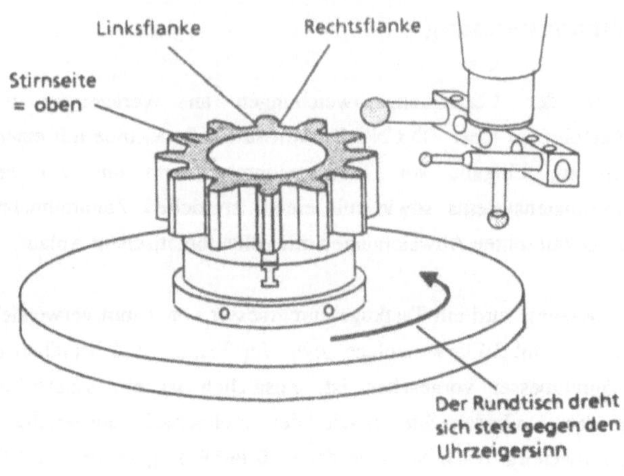

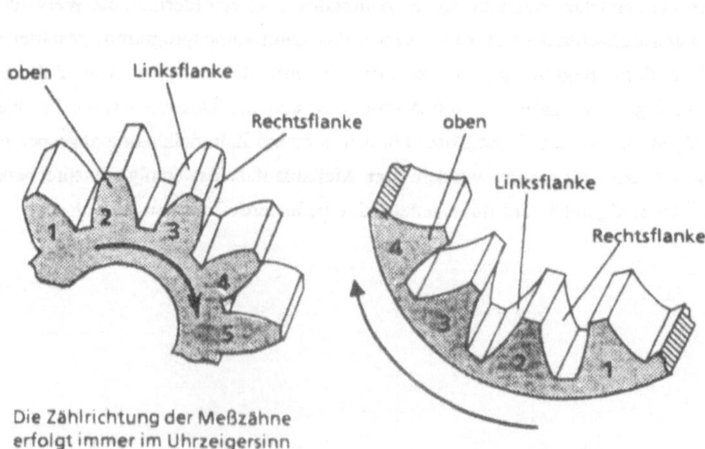

Bild 18: Anordnung von Werkstück und Meßtaster sowie verwendete Bezeichnungen bei der Zahnradmessung.

4.3 Genauigkeitskette von der Elektrode zum Zahnrad

Während bei der Betrachtung eines Vorgangs mittels Prozeßsimulation von fehlerfreien Werkzeugen ausgegangen werden kann, die keinerlei Abweichungen zur Sollgeometrie besitzen, ist dies im realen Prozeß nicht möglich - und auch nicht notwendig. Hierbei werden bewußt so groß wie mögliche Abweichungen toleriert, um bei störungsfreiem Einsatz der damit gefertigten Werkstücke die Fertigungskosten in einem annehmbaren Rahmen zu halten. Dieser Kompromiß an tolerierten Abweichungen zwischen den derzeitigen Anforderungen an Funktion und Laufruhe und den damit verbundenen Kosten auch für die Fertigbearbeitung durch Schaben oder Schleifen liegt für vorverzahnte Stirnräder bei den Qualitätsklassen 9 bis 10.

Für die Beurteilung der Bauteilqualität ist die Summe der Abweichungen maßgeblich, die vom Werkzeug als analogem Speicher für Form und Maße des Werkstücks, von elastischen Werkzeugverformungen aufgrund hoher Umformkräfte sowie von Schwankungen der Prozeßparameter und letztendlich vom zunehmenden Werkzeugverschleiß herrühren.

Die Streuung der Abweichungen aufgrund von Prozeßparameterschwankungen wie z.B. Masse-Abweichungen bei den Rohteilen oder ungleichmäßige Reibungseigenschaften der verwendeten Schmierstoffschicht /110/ läßt sich über die Messung einer Anzahl aufeinander folgend gepreßter Räder derselben Werkstoffcharge abschätzen; der Werkzeugverschleiß ist mit Rücksicht auf die geringe Anzahl der gepreßten Räder - noch - zu vernachlässigen.

Die Herstellung der schrägverzahnten Matrizeninnenkontur durch Schleifen z.B. mit bornitrid-belegten CBN-Scheiben ist technisch gelöst /111/, doch bei den vorliegenden geometrischen Bedingungen mit einem sehr hohen vorrichtungstechnischen Aufwand verbunden. Somit kommt der Einsatz dieses Verfahrens erst in der Serienfertigung mit verbesserten Werkzeugstandmengen zur Senkung der anteiligen Werkzeugkosten in Frage. Die hohen Vorrichtungskosten, die auch bei Fertigung nur einer einzigen verzahnten Matrize zu tragen wären, zwingen jedoch bei der Herstellung der Versuchswerkzeuge zur Anwendung der um die drei Schritte - Elektroden schleifen - Matrize erodieren - Matrize mechanisch polieren -erweiterten Fertigungsfolge. Damit sind in jeder Stufe zusätzliche Qualitätsverluste verbunden, die von der Werkstücktoleranz aufgefangen werden müssen.

Zur Lokalisierung des Abweichungszuwachses während des gesamten Vorgangs wurden aus den oben genannten Gründen die Verzahnungsabweichungen an der geschliffenen

Elektrode, der erodierten und polierten Matrize und an den gepreßten Zahnrädern aufgenommen. In diese Meßkette wurde die nur erodierte Matrize nicht eingegliedert, da aufgrund des in /73/ optimierten Erodiervorgangs eine sehr feine Oberflächenstruktur vorliegt, und durch das stark verkürzte mechanische Polieren keine Geometrieveränderung mehr sondern lediglich ein Abtragen der Rauheitsspitzen stattfindet.

5 Theoretische Betrachtungen

5.1 Die Finite-Elemente-Methode (FEM)

Gerade in der Umformtechnik kommt den Verfahren der Prozeßsimulation im Vergleich zu anderen Fertigungsverfahren aufgrund ihrer Wirtschaftlichkeit große Bedeutung zu. Die erheblichen Fertigungskosten von Werkzeugen sowie die hohen Kosten der Umformmaschinen erzwingen gewissermaßen den zunehmenden Einsatz moderner und leistungsfähiger Methoden und Verfahren der Prozeßsimulation.

Unter diesen Verfahren, die lediglich als "numerische Werkzeuge" anzusehen sind, um die plastizitätstheoretischen Ansätze anzuwenden, ist die FEM prinzipiell mit den Finite-Differenzen-Verfahren gleich einzustufen. Jedoch hat die FEM den wichtigen Vorteil der Allgemeingültigkeit bezüglich unterschiedlicher Randbedingungen, worin auch die Ursache für ihre breitere Anwendung begründet ist /112/. Mit Hilfe der FE-Simulation eines Umformprozesses lassen sich sowohl Werkstofffluß, Spannungen, Formänderungen und Temperaturen im Werkstück als auch die auf die Werkzeuge wirkenden Kräfte bzw. Spannungen sowie Temperaturverläufe ermitteln. Die so erhaltenen Daten über die während des Umformvorgangs herrschenden Zustände im Inneren des Werkstücks lassen sich im allgemeinen experimentell gar nicht oder nur mit großem Aufwand bestimmen.

Die Grundlagen der FEM wurden in der Literatur bereits ausführlichst dargestellt /113, 114, 115/, weshalb in den folgenden Abschnitten nur auf wichtige Begriffe und Besonderheiten der angewandten Simulationsprogramme eingegangen wird.

5.1.1 Das 3D-FEM-Programm FORGE3

Das vom Centre de Mise en Forme des Matériaux (CEMEF), Sophia Antipolis, Frankreich, ursprünglich vorwiegend für die Betrachtung von Warmumformvorgängen konzipierte FEM-Programm FORGE3 wurde für die Simulation des Querfließpressens von schrägverzahnten Stirnrädern eingesetzt, da es zum Zeitpunkt der Projektplanung das einzige Programm mit lauffähigem 3D-Remeshing-Modul darstellte, ohne das der Prozeß nur ein kleines Stück weit hätte simuliert werden können. Mit seiner Auslegung für den Gebrauch auf Arbeitsplatzrechnern (Workstations) richtet sich das Programm außer an die Großbetriebe der (französischen) PKW-Hersteller vor allem auch an Anwender aus mittelständischen Schmiede- und Fließpreßbetrieben.

Zu dem Programmsystem FORGE3 gehört ein Preprozessor, der - vom gegebenen Oberflächennetz des Werkstücks ausgehend - das benötigte Volumennetz aus Tetraederelementen bildet. Ebenfalls können damit die vorgegebenen Werkstücknetze zu Beginn der Simulation in Position gebracht werden. Mit dem angegliederten Postprozessor schließlich lassen sich die berechneten Ergebnisse auf der Oberfläche des umgeformten Werkstücks graphisch darstellen.

5.1.1.1 Numerische Lösung und Remeshingprogramm

Bei der Bestimmung der Näherungslösung für die mit der FEM betrachteten mehrdimensionalen Spannungszustände wird in FORGE3 die Trägheit und die Schwerkraft vernachlässigt. Der Werkstoff wird als isotrop und inkompressibel angesehen.

Im Hinblick darauf, daß das Simulationsprogramm auch für Warmumformprozesse eingesetzt wird, bei denen Einflüsse von Temperatur und Umformgeschwindigkeit zu beachten sind, elastische Effekte wie in üblichen Umformverfahren aufgrund ihres sehr geringen Anteils an der gesamten Formänderung jedoch vernachlässigt werden können, kommt ein starr-visko-plastisches Stoffgesetz zur Anwendung. Dieses wird von dem visko-plastischen Potential Φ abgeleitet. Der Spannungsdeviator hängt mit dem Formänderungsgeschwindigkeitstensor zusammen über

$$\sigma_{ij}{}' = \frac{\partial \phi(v)}{\partial \dot{\epsilon}_{ij}} \ . \tag{1}$$

Mit dem gewählten Norton-Hoff-Gesetz

$$\phi(v) = \frac{K}{m+1} \ (\sqrt{3} \ \bar{\dot{\epsilon}})^{m+1} \tag{2}$$

ergibt sich

$$\sigma_{ij}{}' = 2 \ K \ (\sqrt{3} \ \bar{\dot{\epsilon}})^{m-1} \ \dot{\epsilon}_{ij} \ . \tag{3}$$

Mit m wird dabei die Empfindlichkeit der Formänderungsgeschwindigkeit ("strain-rate-sensitivity") angegeben, die für den Wert 1 eine Newtonsche Flüssigkeit charakterisiert. In der Warmumformung wird m üblicherweise im Bereich von 0,1 bis 0,3 gewählt. Da in der Kaltmassivumformung diese Empfindlichkeit in der Regel nicht vorliegt, kann über m = 0 ein starr-plastisches Verhalten nach von Mises dargestellt werden.

Die isotrope Verfestigung und die in diesem Fall als konstant angenommene Temperatur werden einfach berücksichtigt, indem eine Beziehung zwischen dem Werkstoffkennwert K, der Vergleichsformänderung $\bar{\epsilon}$ und der Temperatur T eingeführt wird:

$$K = K_0 \left(\overline{\epsilon_0} + \bar{\epsilon}\right)^n \cdot e^{\left(\frac{\dot{\epsilon}}{T}\right)} \tag{4}$$

Das mit der visko-plastischen Hauptgleichung übereinstimmende Reibungsgesetz wird aus einem Reibungspotential, das ähnlich dem Norton-Hoff-Gesetz gewählt wurde, gebildet. Der Kontakt ist einseitig, ein Werkstückknoten kann mit dem Werkzeug in Berührung kommen oder es verlassen aber nicht in das Werkzeug eindringen. Die Einhaltung der Inkompressibilitätsbedingung wird über die Penalty-Methode näherungsweise gesichert.

Zur numerischen Lösung wird der gesamte Simulationsprozeß mit einer Updated-Lagrange-Methode in kleine Zeitschritte zerlegt. Die Lösung des nicht linearen Gleichungssystems erfolgt mit der Newton-Raphson-Methode.

Der Hauptzweck des Netzgenerators ist es, dreidimensionale Netze zu generieren, die zur Durchführung einer Berechnung mit FORGE3 benötigt werden. Dieser Netzgenerator ist kein Programm zur Modellerstellung sondern benötigt als Eingabe eine Darstellung des zu vernetzenden Körpers. Das hierzu ausreichende Oberflächennetz kann von einem Preprozessor oder CAD-Programm in Form eines Dreieckselementnetzes oder von FORGE3 als deformiertes Netz nach Abbruch der Simulation stammen. Beim Durchlauf der Prozedur zur Netzgenerierung wird ein neuer Weg beschritten, um auch bei stark gekrümmten Oberflächen mit einem Minimum an Knoten und Elementen auszukommen, was im Hinblick auf die Konzeption des Programms für Arbeitsplatzrechner mit einer Leistung von ca. 15 Mflops und etwa 32 MB Hauptspeicher (Stand 1991) besonders wichtig erscheint. Die Vorgehensweise bei der Erstellung des Ausgangsnetzes für FORGE3 oder bei der Netzneugenerierung soll im folgenden erläutert werden /116/.

Ausgehend von dem vorgegebenen Oberflächennetz aus linearen Dreieckselementen oder beim Remeshingvorgang vom deformierten Netz aus quadratischen Dreieckselementen wird die so beschriebene Werkstückkontur mit einem ca. 4000 Knoten umfassenden Netz aus linearen Dreieckselementen überzogen. Falls dabei Knoten neu gebildet werden, die innerhalb eines der Werkzeuge liegen, werden diese auf die Werkstückoberfläche projiziert, um eine möglichst hohe geometrische Genauigkeit zu erreichen.

Aus diesem überdiskretisierten Netz wird im Laufe der sich anschließenden Knotenreduktion ein neues Netz aus linearen Dreieckselementen gebildet, das sich in seiner Knotendichte an der Oberflächenkrümmung orientiert. Die Knotenreduktion ist abgeschlossen, wenn die erreichte Knotenzahl im Bereich von 180-200 liegt, was im Hinblick auf die bereits genannte Rechnerleistung und den Speicherplatz als noch vertretbar anzusehen ist. Weiterhin wird bei der Entscheidung über den Wegfall eines Knotens die Qualität des gebildeten Elements in Betracht gezogen. Diese wird über die Gleichung

$$Q = \tfrac{3}{4} \sum_{i=1}^{3} \mid \gamma_i - \gamma_0 \mid \qquad \text{mit} \qquad \gamma_0 = 60^o \qquad (5)$$

ermittelt. Dabei sind mit γ_i die Innenwinkel des Dreieckselements bezeichnet. Die optimale Qualität ergibt sich danach für ein gleichseitiges Dreieck zu Null, die schlechtest mögliche beträgt für ein degeneriertes Element ($\gamma_1 = 180°, \gamma_2 = \gamma_3 = 0°$) Q = 180. Qualitäten bis 30 werden als sehr gut, bis 45 als gut, bis 60 als befriedigend und darüber hinaus als schlecht angesehen. Anzustreben sind Werte bis 45, in Ausnahmefällen, d.h. bei komplexer Geometrie bis 60. Ein überdiskretisiertes und das daraus nach der Knotenreduktion entstandene Netz sind in Abschnitt 5.1.1.2 in Bild 24 dargestellt.

Im nächsten Schritt werden aus den linearen Dreieckselementen quadratische gebildet, indem jeweils in die Mitte zwischen zwei Eckknoten noch ein weiterer gesetzt wird. Danach werden diese Knoten iterativ auf die Referenzoberfläche verschoben, wobei jetzt Kurven statt bisher Geraden die Verbindung der einzelnen Knoten darstellen. Daß hierbei die neu erzeugte Oberfläche sehr gut mit der Referenzoberfläche übereinstimmt, verdeutlicht Bild 19.

Ausgehend vom linearen Oberflächennetz werden im folgenden Schritt lineare 4-Knoten-Tetraeder gebildet, danach das Volumennetz durch Hinzufügen von Knoten im Werkstückinneren verfeinert; anschließend wird wieder auf jede Verbindungslinie im Inneren ein zusätzlicher Knoten gesetzt und dieses Volumennetz schließlich mit dem quadratischen Oberflächennetz gekoppelt. Auch bei der Bildung der Tetraederelemente ist gleichzeitig ein Qualitätskriterium zu erfüllen (Bild 20). Hierfür wird das Volumen des Tetraeders im Quadrat mit der dritten Potenz von dessen Oberfläche ins Verhältnis gesetzt und mit einem Faktor multipliziert. Dieser Faktor ist so gewählt, daß sich bei dem bestmöglichen Tetraeder - bestehend aus vier gleichseitigen Dreiecken - die Qualität 1 ergibt. Das schlechteste im Simulationsmodell verwendete Element sollte noch eine Qualität von besser als 0,12 besitzen.

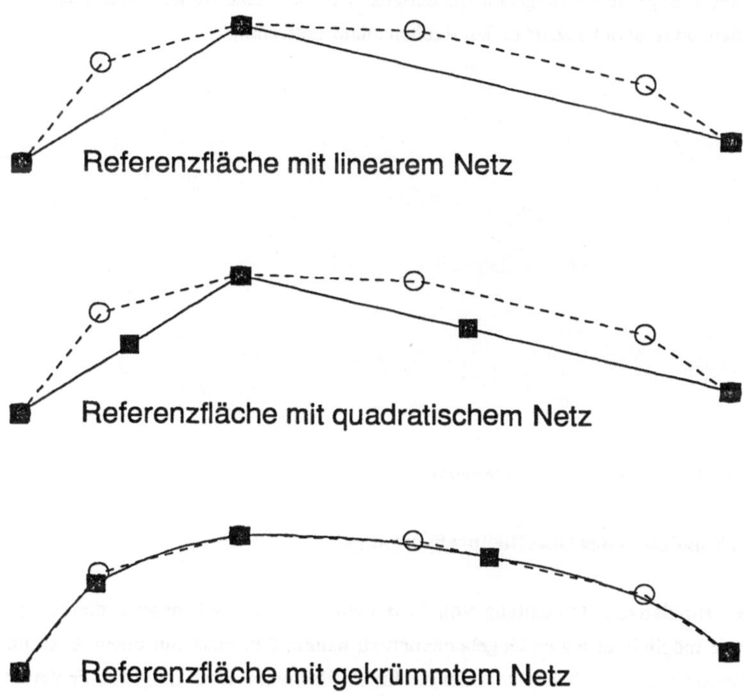

Bild 19: Darstellung gekrümmter Oberflächen.

Das so entstandene Volumennetz aus 10-Knoten-Tetraederelementen mit etwa 1000 bis 1400 Knoten kann nun zum Beginn oder nach Übertragung der aus dem alten Netz durch Interpolation ermittelten Zustandsvariablen auf die neuen Knoten zur Weiterführung der Simulation eingesetzt werden.

Die dargestellte Bildung des ersten bzw. der folgenden neuen Netze erfolgt weitgehend automatisch, wobei vom Benutzer interaktiv einige Informationen und Entscheidungen einzugeben sind. Die Übertragung der Zustandsvariablen in das neu gebildete Netz erfolgt vollautomatisch.

Die Simulation wird vom Programm stets bis zum Versagen des Netzes, d.h. bis zum Auftreten von degenerierten Elementen fortgeführt. Sollte der Benutzer z.B. aufgrund von in die Werkzeuge eingedrungenen (penetrierten) Knoten eine frühere Netzneugenerierung wünschen, so ist sein Eingriff in den Rechenablauf notwendig.

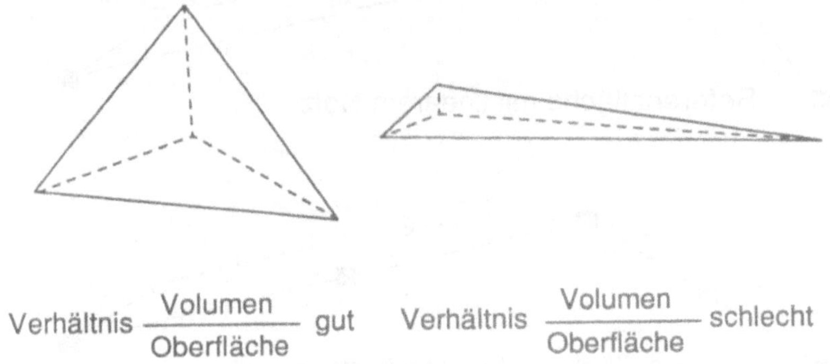

Bild 20: Qualität der Tetraederelemente.

5.1.1.2 Simulation des Querfließpreßvorgangs

Bei der simulativen Betrachtung von Prozessen ist es wünschenswert, den Vorgang so nahe wie möglich an realen Gegebenheiten zu halten, d.h. nicht nur einen Ausschnitt aus dem Gesamtmodell zu betrachten, um die Ergebnisse nicht durch mögliche Fehlereinflüsse der oft nur näherungsweise festlegbaren Randbedingungen an den Symmetrie- oder Schnittflächen zu beeinflussen. Weiterhin wünschenswert ist es, das gewählte Modell mit einem sehr engmaschigen Netz überziehen zu können, um damit gute und genaue Ergebnisse zu erhalten. Beide Punkte lassen sich jedoch in der Realität nicht verwirklichen, da speziell im Bereich der erst aufkommenden 3D-Simulation von Prozessen, die sich zweidimensional nicht oder nur unzureichend darstellen lassen, enge Grenzen durch die bereits angesprochenen Rechnerkapazitäten oder durch hohe Rechenzeiten mit den damit verbundenen Rechenkosten gesetzt sind. In der deshalb notwendigen Festlegung des zu betrachtenden Teilmodells sowie einer sinnvollen Vernetzung des Werkstücks ist nach /112/ der stark erfahrungsabhängige Kernpunkt einer Simulation zu sehen, der die Güte der numerischen Näherungslösung stark beeinflussen kann.

So wurde in Zusammenarbeit mit Programmentwicklern und erfahrenen Anwendern von FORGE3 aus dem Rohteil - einem dickwandigen Hohlzylinder - bzw. dem schrägverzahnten Stirnrad ein ganzer von insgesamt 30 Zähnen herausgeschnitten. Die Schnittflächen durch die Mitten zweier benachbarter Zahnlücken stellen keine

Symmetrieebenen dar, doch liegen periodisch wiederkehrende Verhältnisse vor, die dort eine sinnvolle Teilung des Gesamtwerkstücks erlauben. Unter der Annahme, daß senkrecht zu diesen Schnittflächen gegenüber dem vorwiegend radialen und axialen nur ein sehr geringer Stofffluß auftritt, wurde diese mögliche Bewegungsrichtung der Werkstückoberflächenknoten durch zwei an diesen Schnittflächen anliegende reibungsfreie Werkzeugflächen unterdrückt. Die dem Schrägungswinkel der Verzahnung folgenden Wendelflächen von Rohteil und Begrenzungsflächen gehen entsprechend den Verhältnissen im Experiment im Bereich der Zustellbewegung von Stempel und Gegenstempel mit rein axialem Stofffluß in vertikale Bereiche über (Bild 21).

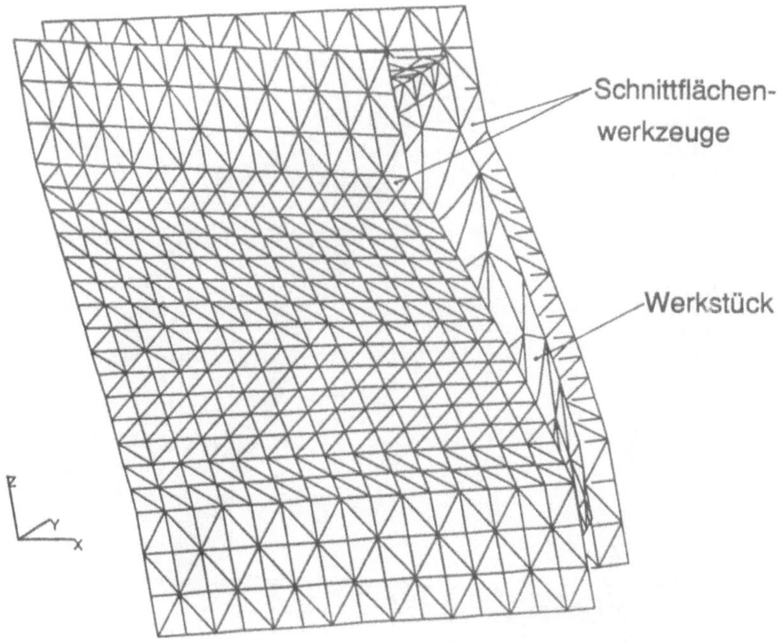

Bild 21: Idealisierte Rohteilgeometrie mit Schnittflächenwerkzeugen zur Unterdrückung von Freiheitsgraden.

Bild 22 zeigt die idealisierten Werkzeugnetze für die Simulation in Ausgangsposition. Die Umformkraft wird über die sich mit gleicher Geschwindigkeit aufeinander zubewegenden Stempel und Gegenstempel in das dazwischenliegende Werkstück eingeleitet, so daß der Werkstoff im allseitig geschlossenen Hohlraum quer zur Bewegungsrichtung der Stempel vorwiegend radial in die auszufüllende Zahnlücke der Matrize fließt. Da in der Simulation Probleme wie Herstellbarkeit der Werkzeuge und Auswerfbarkeit des Zahnrades nicht betrachtet wurden, konnten die beiden Schließplatten mit der Matrizenverzahnung verbunden werden. Die Bewegung des Dorns in der Mittelbohrung ist entsprechend den realen Gegebenheiten mit der Stempelbewegung gekoppelt. Die Netze der einzelnen Werkzeuge durchdringen sich geringfügig, um numerische Probleme bei der Erfüllung von Kontakt- und Nichteindringbedingungen in die Werkzeuge zu vermeiden.

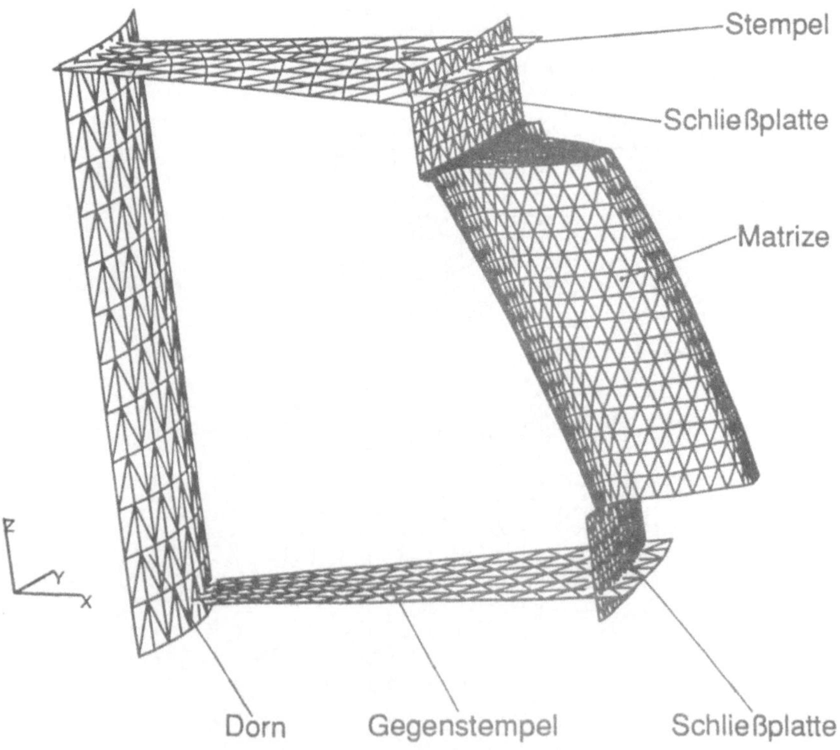

Bild 22: Idealisierte Werkzeugnetze für die 3D-FEM-Simulation des Querfließpreßvorgangs.

Das Verfestigungsverhalten des in Experimenten eingesetzten, dem Einsatzstahl 16MnCr5 ähnlichen Werkstoffs geht über die Näherungsgleichung für die im Zylinderstauchversuch ermittelte Fließkurve

$$k_f = 768 \ \frac{N}{mm^2} \cdot \varphi^{0.085}$$

(6)

in die Simulation ein. An allen realen Werkzeugen herrscht Reibung, die über den Reibfaktor m berücksichtigt wird, da in FORGE3 nur dieses Reibungsmodell mit m als Verhältnis von Reibschubspannung τ_R zur Schubfließspannung k Verwendung findet. Der Wert m = 0,17 wurde annähernd entsprechend einer Reibzahl von μ = 0,1 gewählt, wohl wissend, daß sich ein eindeutiger Zusammenhang zwischen beiden Werten außer für die Grenzfälle reibungsfrei und Haften nicht angeben läßt. Die beiden Begrenzungsflächen werden als reibungslos angesehen.

Die Werkstückoberflächennetze haben durchweg zwischen 180 und 205 lineare 3-Knoten-Elemente, woraus zu Beginn der Simulation 622 quadratische Tetraederelemente mit 1260 Knoten und bei der letzten Netzneugenerierung - durch stark gekrümmte Oberflächenanteile leicht gesteigert - 781 quadratische Tetraederelemente der geforderten Qualität mit 1523 Knoten gebildet werden.

Die Lastschrittgröße wird programmintern in Abhängigkeit von der durchschnittlichen Verformung der Elemente und einem Verhältnis von momentaner Werkstückhöhe zu Werkzeuggesamtgeschwindigkeit ermittelt und liegt anfangs bei 0,035 mm und gegen Ende des Prozesses bei 0,022 mm. So wurde der 5,15 mm umfassende Gesamtstempelweg in 192 Lastschritte unterteilt, wobei insgesamt 20 Remeshingvorgänge notwendig wurden. Die aufsummierten Zeiten rein für die Simulation ohne die Netzneugenerierungen auf einer Risc 6000-Workstation ergeben etwa 52,5 Stunden, für jeden der - noch nicht - vollautomatisch ablaufenden Remeshingvorgänge sind je nach Güte des Netzes etwa 2,5 bis 4 Stunden anzusetzen.

Die erste Netzneugenerierung wurde nach 40 Lastschritten durchgeführt, weil einzelne Werkstückknoten zu weit in die Werkzeuge eingedrungen waren und so das Netz für eine weitere Verwendung nicht mehr geeignet war. Alle weiteren Remeshingvorgänge wurden aufgrund von versagenden Werkstücknetzen notwendig. Die kritische Stelle war hierbei stets der Radius am Übergang vom vertikalen in den horizontalen Teil der Schließplatten ober- und unterhalb der verzahnten Matrize. Dieser Radius von 0,2 mm war gegenüber der scharfen Kante im Experiment zwar recht groß gewählt, aber für einen plötzlichen

Wechsel der Bewegungsrichtung der Elementknoten immer noch problematisch klein. Abhilfe wäre hier durch ein wesentlich feineres Werkstücknetz - aufgrund der genannten Beschränkungen - nur theoretisch denkbar gewesen.

Bild 23 zeigt stellvertretend für den gesamten Ablauf der Simulation das Werkstückausgangsnetz, das 6. und 12. Netz nach 60 % bzw. 75 % des gesamten Stempelwegs sowie den Zustand von Netz Nummer 21 bei Simulationsende.

In Bild 24 wird anhand des überdiskretisierten Netzes bei der letzten Netzneugenerierung und des daraus nach der Knotenreduktion entstehenden Oberflächennetzes aus linearen Dreieckselementen die im vorigen Abschnitt beschriebene Funktionsweise des Netzgenerators verdeutlicht.

Die ermittelte Verteilung der Vergleichsformänderung ε_v an der Oberfläche des betrachteten Werkstückmodells ist in Bild 25 dargestellt. Daraus ist zu erkennen, daß auf etwa halber Zahnradbreite, d.h. im Bereich des größten radialen Stoffflusses im Fußkreis bis hinein in die beginnende Evolvente maximale Werte mit $\varepsilon_v > 3,0$ liegen. Entlang der Evolvente nehmen die Werte deutlich ab und liegen in deren Mitte noch bei $\varepsilon_v = 1,5 \dots 2,0$ und im Zahnkopf nur noch bei $\varepsilon_v = 0,6 \dots 0,8$. Im Übergang von der Schließplatte in den Zahn hinein liegen weitere Maxima in der vorderen unteren und hinteren oberen Ecke mit Werten, die in einem großen Bereich ebenfalls bei $\varepsilon_v > 3,0$ liegen. Dies ist darauf zurückzuführen, daß in diesem Bereich die Fließrichtung des Werkstoffs bzw. der Knoten des FE-Netzes an der Kante der Schließplatte zuerst von rein axial in radial stark umgelenkt wird und nach kurzem Fließweg auf die Verzahnungskontur der Matrize trifft und dort von radial nach tangential erneut umgelenkt wird. Weniger groß sind diese Richtungsänderungen in den anderen beiden Ecken mit wesentlich kleineren Bereichen hoher Vergleichsformänderung, was auf die Schrägstellung der Zähne zurückzuführen sein dürfte. Im Bereich zwischen den problematischen Ecken liegen die Werte entlang des Radius an der Schließplatte bei $\varepsilon_v = 2,4$ und fallen zum Zahn und zur Werkstückmitte hin schnell auf Werte von unter $\varepsilon_v = 1,0$ ab. Der gesamte restliche Zahnkörper wird durch den Umformvorgang nur schwach bis mäßig beeinflußt, was mit Werten von $\varepsilon_v < 1,0$ zu belegen ist. Dabei ist durch den ebenfalls vorhandenen leichten Stofffluß bis zum Anlegen des Werkstoffs am Dorn zur Werkstückmitte hin ein - wenn auch nur geringer - Anstieg der Werte zu verzeichnen.

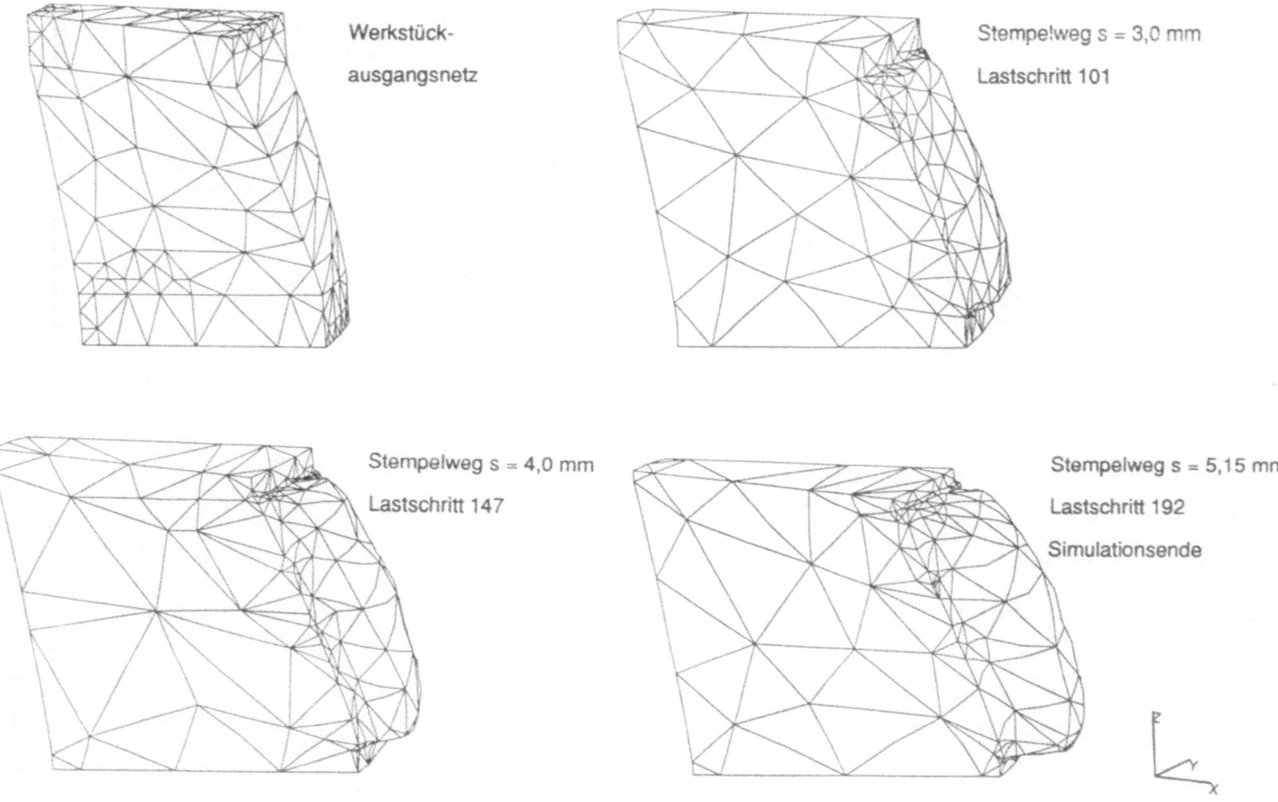

Bild 23: Netzzustände bei der FEM-Simulation mit FORGE3.

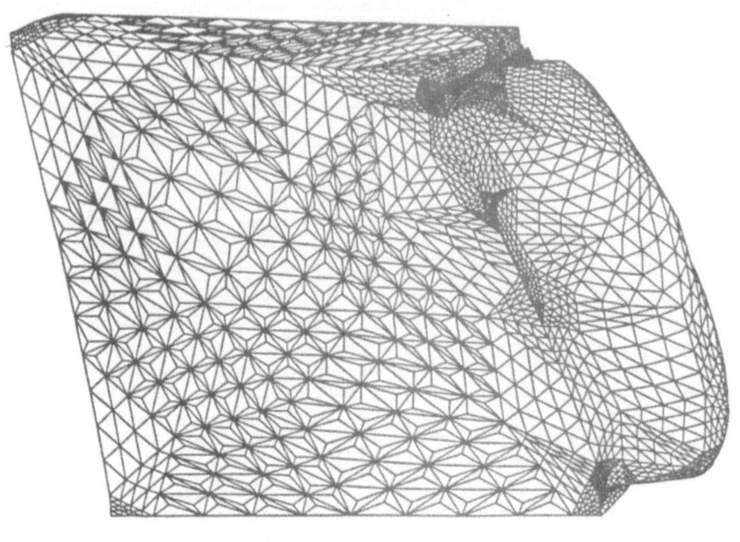

Bild 24: Werkstücknetze vor und nach der Knotenreduktion beim letzten Remeshing-Vorgang.

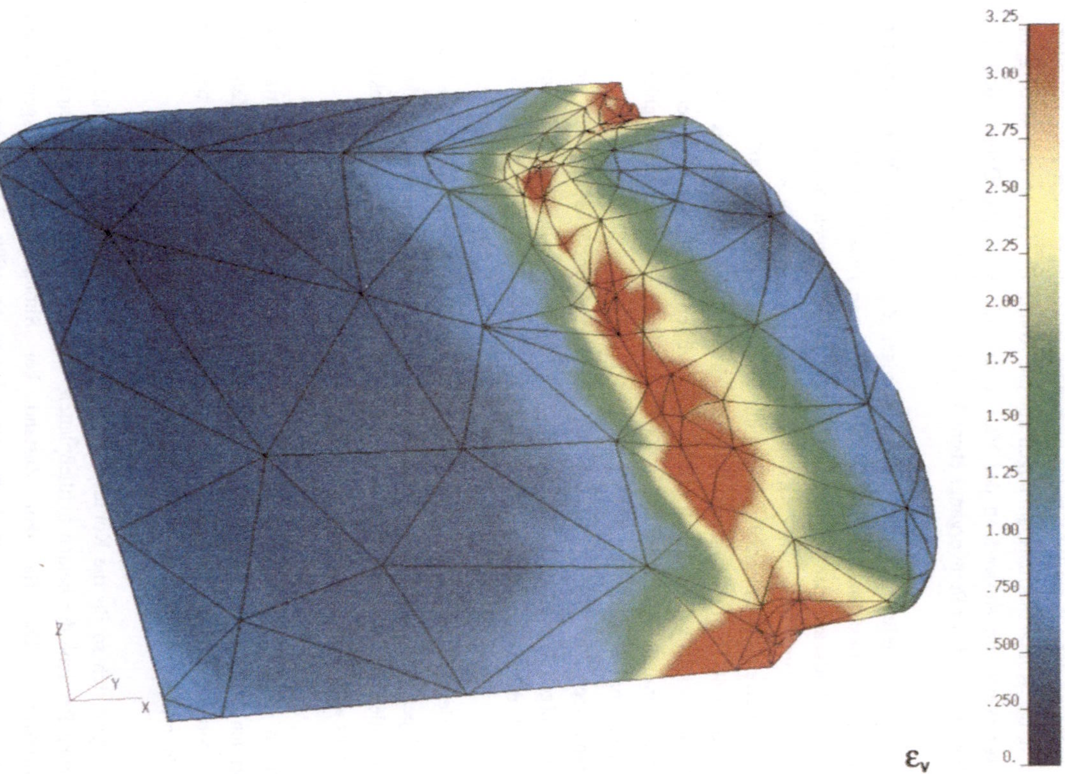

Bild 25: Verteilung der Vergleichsformänderungen am Modell eines querfließgepreßten Zahnes ermittelt mit FORGE3.

Die Verteilung der Werte für die Vergleichsformänderung im Inneren des Werkstücks wird anhand eines Stirnschnitts durch die Werkstückmittelebene im Abschnitt 5.1.3 den 2D-Simulationsergebnissen mit rein radialem Stofffluß gegenübergestellt und diskutiert.

Bei der Betrachtung der auf die Werkzeuge wirkenden Belastungen interessiert vor allem die Verteilung der Kontaktnormalspannungen auf die Kontur der verzahnten Matrize, da anhand dieser Werte die Aufweitung der Matrize und die elastische Deformation der Matrizenzähne während des Preßvorgangs ebenfalls rechnerisch ermittelt wird.

Die in Bild 26 dargestellten Kontaktnormalspannungen σ_n auf beiden Werkzeugseiten zeigen, daß auf der Linksflanke der Matrize (Bezeichnungen siehe Bild 18) eine stärkere Belastung vorliegt als auf der Rechtsflanke, wofür jedoch wegen des eigentlich zur Zahnradmittelebene symmetrischen Vorgangs keine Erklärung gegeben werden kann. Auf der Rechtsflanke erreicht die Normalspannung nur vereinzelt Werte über 2000 N/mm². Die in Schritten von je 400 N/mm² abgestuft dargestellten Bereiche werden um das Maximum auf halber Höhe herum kontinuierlich größer, doch wirken auf den Großteil der rechten Flankenfläche Spannungen im Bereich von 400 bis 800 N/mm². Auf der Linksflanke zieht sich, ausgehend vom Maximalwert mit über 2400 N/mm² ein hochbelasteter Streifen mit Werten knapp über 2000 N/mm² bis nahe an die obere Stirnfläche hin. Ein weiterer Bereich mit wenigen Werten über 1400 N/mm² liegt in der Nähe der unteren Stirnfläche etwa in der Mitte der Evolvente.

Im Zahngrund der Matrize (= Zahnkopf des gepreßten Zahnrades) sowie in den beiden sowohl im Experiment als auch in der Simulation nicht ganz ausgefüllten Ecken der Verzahnung fallen die Werte auf durchweg unter 400 N/mm² bzw. in den kontaktfreien Bereichen ganz auf Null ab.

Am höchsten belastet ist der Kopf der Matrizenzähne, der gleichzeitig dem Zahnfußbereich mit angrenzenden Zahnfußrundungsradius des gepreßten Zahnrades entspricht. Dort liegen die Kontaktnormalspannungen über der gesamten Höhe bei mehr als 2800 N/mm², und einige Maximalwerte liegen sogar über 3000 N/mm².

Insgesamt ergibt sich so für die Kontur der verzahnten Matrize - ohne Miteinbezug der angebundenen Bereiche der beiden Schließplatten - eine gemittelte Normalspannung von etwa 1560 N/mm². Die für den Zustand bei Simulationsende ausgemittelten Spannungswerte an Stempel und Gegenstempel von ungefähr 2230 N/mm² liegen aufgrund der starken Werkstoffumlenkung und den daraus resultierenden inneren

Scherspannungen und Reibschubspannungen wesentlich höher. Aus dieser Spannung errechnet sich eine Preßkraft von 4,55 MN; gemessen wurden für Zahnräder dieser Abmessungen aus 16 MnCr 5   4,8 MN.

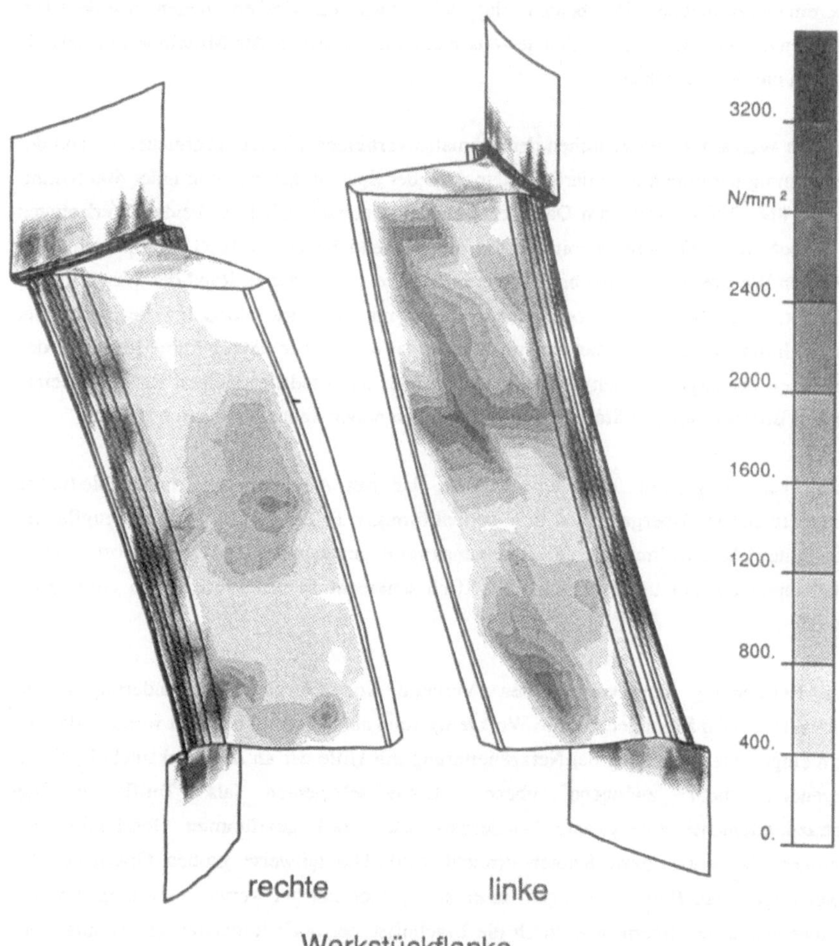

Bild 26: Berechnete Verteilung der Kontaktnormalspannungen in der verzahnten Matrize.

Neben den für eine Weiterverwendung benötigten Belastungswerten in der verzahnten Matrize dürfen auch die Kontaktnormalspannungen an den beiden Schnittflächenwerkzeugen nicht unberücksichtigt bleiben, da sie die Möglichkeit bieten, die angenommene Randbedingung, daß senkrecht zu diesen Flächen kein Stofffluß stattfindet, bezüglich ihrer Richtigkeit zu bewerten. Hierzu sind die beiden Werkzeuge zur Unterdrückung des Freiheitsgrades senkrecht dazu in Bild 27 so dargestellt, daß beim Übereinanderschieben der beiden das Werkstück dazwischen liegen würde. Die Matrizenverzahnung schließt sich jeweils rechts, der Dorn in der Mittelbohrung jeweils links an die Werkzeuge an.

Auf den Wendelflächen zwischen den schmalen vertikalen Werkzeugbereichen ist von der Verzahnung her eine kontinuierliche Zunahme der Spannungswerte von unter 400 N/mm^2 bis auf über 1200 N/mm^2 am Dorn festzustellen. Unterschiedlich an beiden Werkzeugen ist jedoch, daß der Bereich mit Werten durchgehend höher als 1600 N/mm^2 sich beim vorderen Werkzeug oben und beim hinteren Werkzeug am unteren Rand der Wendelfläche befindet. Dies bestätigt jedoch erneut die Symmetrie des Vorgangs bezüglich der Zahnradmittelebene. Die Maxima mit Werten teilweise über 2800 N/mm^2 liegen in den Bereichen der angrenzenden Schließplatten, wo es aufgrund der kleinen Radien zu einer starken Behinderung des Stoffflusses und somit zu hohen Spannungswerten kommt.

Somit kann insgesamt festgestellt werden, daß mit Ausnahme der unterschiedlichen Randbereiche im Übergang von den wendelförmigen in die vertikalen Werkzeugflächen eine gute Übereinstimmung der Spannungswerte gegeben ist und somit dort - wenn überhaupt - ein nur unwesentlicher Stofffluß senkrecht zu den Werkzeugen unterdrückt wurde.

Bei Betrachtung der vorgestellten Verläufe von Vergleichsformänderungen und Kontaktnormalspannungen auf die Werkzeuge muß abschließend bemerkt werden, daß mit dem eingeschlagenen Weg bei Netzgenerierung mit Hilfe der an der Werkstückoberfläche liegenden nicht zwingend ebenen Dreieckselementen als Teilflächen der Tetraederelemente eine exakte Wiedergabe auch stark gekrümmter Oberflächen mit wenigen Elementen bzw. Knoten erreicht wird. Die teilweise großen Gradienten bei Spannungen oder Formänderungen lassen sich jedoch nur bei Verwendung einer höheren Knotenanzahl verringern, wie durch die Ergebnisse der noch folgenden 2D-Simulationen belegt wird. Gleichzeitig kann dadurch der Einfluß von möglichen "Ausreißern" auf das Gesamtergebnis bis zur Bedeutungslosigkeit verringert werden. Natürlich muß auf der anderen Seite berücksichtigt werden, daß es mit der vorliegenden Arbeit erstmals gelang, die umformtechnische Herstellung von Schrägverzahnungen mit Hilfe der 3D-FEM überhaupt nachzuvollziehen.

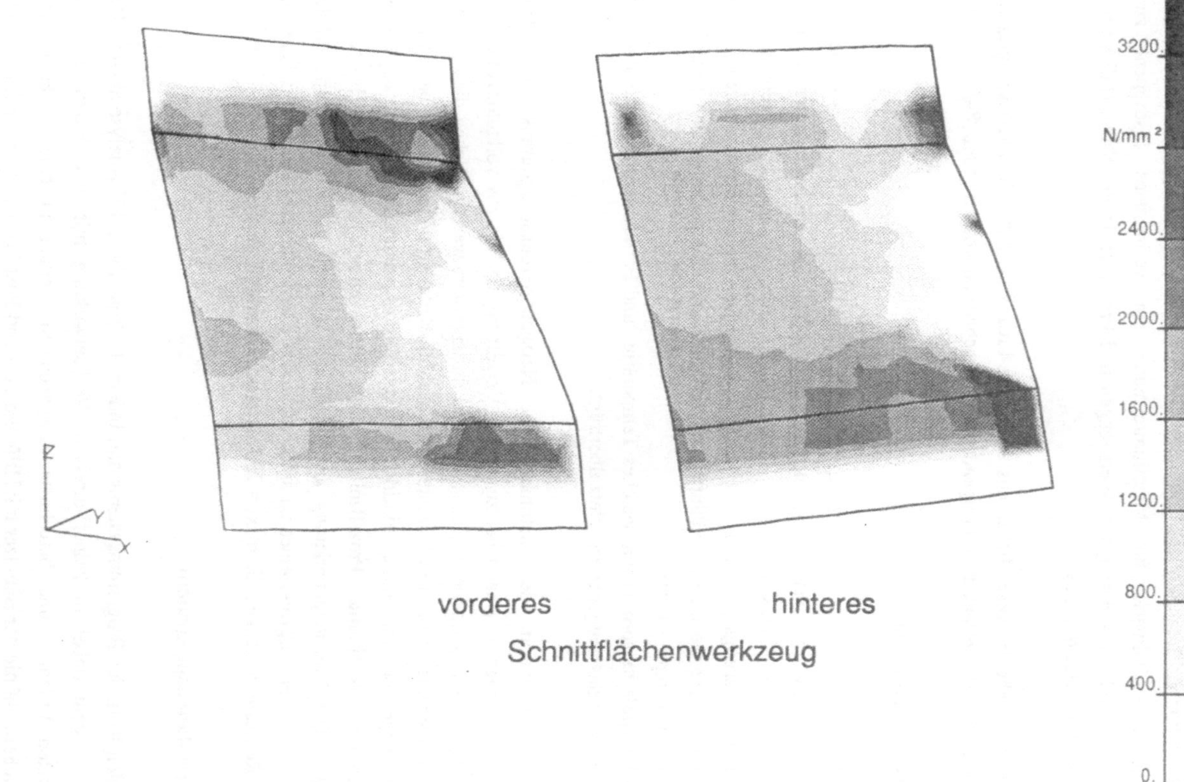

Bild 27: Berechnete Verteilung der Kontaktnormalspannungen an beiden Begrenzungsflächen.

5.1.2   Das 2D-FEM-Programm DEFORM

Das 2D-Programmsystem DEFORM (Design Environment for FORMing) wurde an den Battelle Columbus Laboratories, Columbus OH, USA, entwickelt und ist heute in der amerikanischen Industrie für Metallumformung ein verbreitetes Instrument zur Entwicklung und Optimierung von Werkzeugen und Prozessen in der Kalt-, Halbwarm- und Warmmassivumformung.

DEFORM besteht im wesentlichen aus einem Pre-Prozessor, dem Simulationsprogramm und einem Post-Prozessor, die im folgenden kurz beschrieben werden sollen /84/.

Der Pre-Prozessor mit

- Eingabeprogramm zum interaktiven Erstellen und Überprüfen der Eingabedaten.
- automatischem Netzgenerierungsprogramm, das das FE-Netz unter Berücksichtigung verschiedener Gewichtungsfaktoren erstellt; Temperatur-, Formänderungs-, und Formänderungsgeschwindigkeitsverteilungen aus vorausgegangenen Rechenläufen können zur Bestimmung der lokalen Netzdichte herangezogen werden.
- Interpolationsprogramm, welches Temperatur- und Formänderungsverteilung vom alten in das neugenerierte Netz überträgt.

Durch Kombination des automatischen Netzgenerierungsprogramms mit dem Interpolationsprogramm kann bei zu starker Verzerrung des Netzes vollautomatisch die notwendige Netzneugenerierung ausgelöst und durchgeführt werden. Neben diesem steht dem Benutzer noch eine Anzahl weiterer Remeshing-Kriterien wie z.B. bei Überschreiten einer vorgegebenen maximalen Eindringtiefe von Elementkanten in die Werkzeugkontur, bei Erreichen bestimmter Prozeßzeiten, Lastschrittinkremente oder Stempelwege, zur Auswahl. Die Netzneugenerierung aus einem der benutzerdefinierten Gründe erfolgt zusätzlich zu der aufgrund eines zu stark verzerrten Elementnetzes. Bei Bedarf kann bei jedem Remeshingvorgang die maximale Knotenanzahl erhöht werden.

Das Simulationsprogramm

stellt den Kern des Programmsystems dar, indem die eigentliche FE-Analyse abläuft. Der Benutzer steht dabei in keiner direkten Wechselwirkung mit dem Programm. Alle benötigten Eingabe- und berechnete Ausgabedaten werden in einer binären Datei gespeichert, auf die der Benutzer mit Hilfe des Pre- und Post-Prozessors Zugriff hat. Einen

Überblick über Anwendungsbereiche und den Leistungsumfang des Programms gibt folgende Aufstellung /117/:

- Einsatz für Kalt-, Halbwarm- und Warmumformprozesse.
- Umformung von mehreren Objekten möglich.
- Umformung mit axialsymmetrischem oder ebenem Formänderungszustand.
- Starr-plastisches Stoffgesetz nach Levy / von Mises.
- Werkstoffverhalten in Abhängigkeit von der Formänderung, der Formänderungsgeschwindigkeit und der Temperatur.
- Starre oder linear-elastische Werkzeuge.
- Werkzeuggeschwindigkeit oder Umformkraft konstant oder als Funktion der Zeit oder des Stempelweges.
- Isotherme oder nichtisotherme Vorgänge mit linearem oder nichtlinearem Wärmeübergang.
-Reibungsgesetz nach von Mises oder Coulomb.

Der Post-Prozessor

Mit dem Post-Prozessor können alle schon berechneten und in der binären Ausgabedatei abgespeicherten Schritte während des Fortgangs der Simulation graphisch und alphanumerisch dargestellt werden. Zwei Unterprogramme erlauben zusätzliche Berechnungen zur Darstellung

- der Bahnlinien von ausgewählten Werkstoffteilchen bzw. Knoten im Werkstück.
- des Faserverlaufs im Werkstück. Diese als "Flow-Net" bezeichnete Option ermöglicht es, ein beliebiges Netz aus Kreisen oder Rechtecken über das Rohteil zu legen und dessen Verformung während des Umformvorgangs zu verfolgen.

5.1.2.1 Simulation im Stirnschnitt

Mit der erstmals gelungenen 3D-Simulation eines Querfließpreßvorgangs von schrägverzahnten Stirnrädern verbunden ist die Frage, ob sich brauchbare Ergebnisse auch ergänzender Untersuchungen durch eine vereinfachte 2D-Simulation gewinnen lassen, obwohl der Prozeß an sich zweidimensional nicht darstellbar ist und mögliche Einflüsse aufgrund der Schrägstellung der Zähne nicht erfaßt werden könnten. Diese Frage stellt sich besonders im Hinblick auf die - noch - sehr umständlich, weil nicht vollautomatische 3D-Simulation und die sehr eingeschränkte Verfügbarkeit des zum Zeitpunkt der

Simulationsrechnungen noch in der Entwicklungsphase befindlichen Programms, wohingegen das vollautomatisch ablaufende 2D-Programmsystems DEFORM am Institut für Umformtechnik der Universität Stuttgart ohne programmtechnische Einschränkungen genutzt werden konnte.

Die Verhältnisse beim Querfließpressen von Verzahnungen lassen sich zumindest für die Zahnradmittelebene mit ihrem vorwiegend radialen Stofffluß näherungsweise zweidimensional nachbilden. Als Simulationsmodell für den 2D-Vorgang wurde deshalb im Stirnschnitt ein halber Zahn aus der Gesamtgeometrie herausgeschnitten und mit dem als bewegtem Stempel fungierenden Dorn in der Mittelbohrung ein rein radialer Stofffluß in die Matrizenverzahnung hinein erzeugt. Die so entstehende Anordnung von Werkstück und Werkzeugen zeigt Bild 28. Bei der Idealisierung muß in der Schnittlinie durch den Zahnkopf der Matrize ein Begrenzungswerkzeug zusätzlich generiert werden, da in DEFORM die Unterdrückung von Freiheitsgraden nur an Linien parallel zu den Koordinatenachsen möglich ist. In der Schnittlinie durch den Zahnfuß der Matrize genügte das Ausweisen als Symmetrielinie, um einen Stofffluß senkrecht dazu zu verhindern.

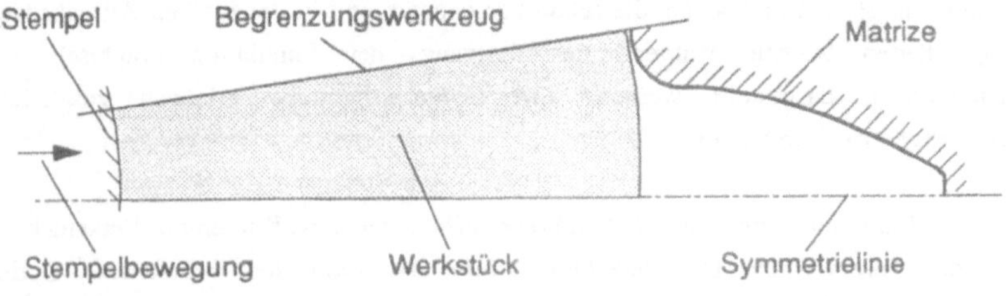

Bild 28: Simulationsmodell für das Ausfüllen einer Zahnlücke bei rein radialem Stofffluß.

Bei allen Simulationsrechnungen wird - sofern nicht explizit anders angegeben - analog zur 3D-Simulation ein Reibungsfaktor von $m = 0,17$ an Matrize und Stempel angenommen und das Begrenzungswerkzeug als reibungsfrei angesehen. Die Werkstoffverfestigung wird ebenfalls durch die in Abschnitt 5.1.1.2 angegebene Ludwik-Gleichung berücksichtigt.

Variation der Randbedingungen

Zur Kontrolle der angesetzten Randbedingungen an den Schnittlinien wurde eine Simulation mit einem leicht gedrehten Koordinatensystem durchgeführt, womit die

Möglichkeit gegeben war, die Randbedingungen gegenüber dem herkömmlichen Modell zu vertauschen. Dabei ergaben sich nur sehr geringe Unterschiede in den Resultaten, so daß die beiden Arten zur Unterdrückung von Freiheitsgraden an den Schnittflächen für den vorliegenden Fall als gleichwertig angesehen werden können.

Nicht vernachlässigbare, aber dennoch nur geringe Unterschiede zeigten sich bei Betrachtung des Reibungseinflusses an Stempel und Matrize. Bild 29 zeigt die Verteilung der Vergleichsformänderungen bei der ZR30-Geometrie links mit und rechts ohne Reibung.

In beiden Fällen liegt im Großteil des Werkstücks im Bereich zwischen Verzahnung und Stempel nur leicht verfestigter Werkstoff mit Werten von $\varepsilon_v < 0,4$ vor, d.h. der Werkstoff wird im wesentlichen radial verschoben. Dieser Bereich erstreckt sich bis auf die halbe Höhe in den Zahn hinein. Dem schließen sich seitlich Bereiche rasch ansteigender Vergleichsformänderungen an, die ihr Maximum in der Zahnfußausrundung mit Werten von $\varepsilon_v = 3,24$ (mit Reibung) und $\varepsilon_v = 3,04$ (ohne Reibung) erreichen. Zum Zahnkopf hin fallen die Werte etwa in der Mitte der Evolvente auf $\varepsilon_v < 1,2$ ab und steigen im Zahnkopf wieder auf $\varepsilon_v > 1,2$ an. Im reibungsfreien Modell ist dieser Bereich deutlicher ausgebildet und reicht bis an die Symmetrielinie heran.

Deutlicher wird der Unterschied zwischen beiden Modellen bei Betrachtung der Kraft - Weg - Diagramme, die in Bild 30 dargestellt sind. Der starke Anstieg der Preßkraft gegen Vorgangsende verdeutlicht die Schwierigkeiten, in einem allseitig geschlossenen Werkzeug eine vollständige Formfüllung zu erreichen. Bei reibungsfreier Umformung liegt die benötigte Kraft jedoch durchweg um bis zu 15 % unter der des reibungsbehafteten Vorgangs.

Variation des Normalmoduls

Neben dem Einfluß von Randbedingungen interessiert weiterhin die Abhängigkeit der Prozeßkenngrößen und der Berechnungsergebnisse von der Geometrie des Zahnes. So wurde der Modul als Maß für die Größe der Zähne ausgehend vom Zahnrad ZR30 mit seinem Normalmodul von $m_n = 1,75$ mm bei konstantgehaltenem Fußkreisdurchmesser zum einen deutlich vergrößert und zum anderen verkleinert. Mit einem Modul von $m_n = 1,2$ mm ergab sich so das ZR40, ein Zahnrad mit 40 Zähnen, und bei einem Modul

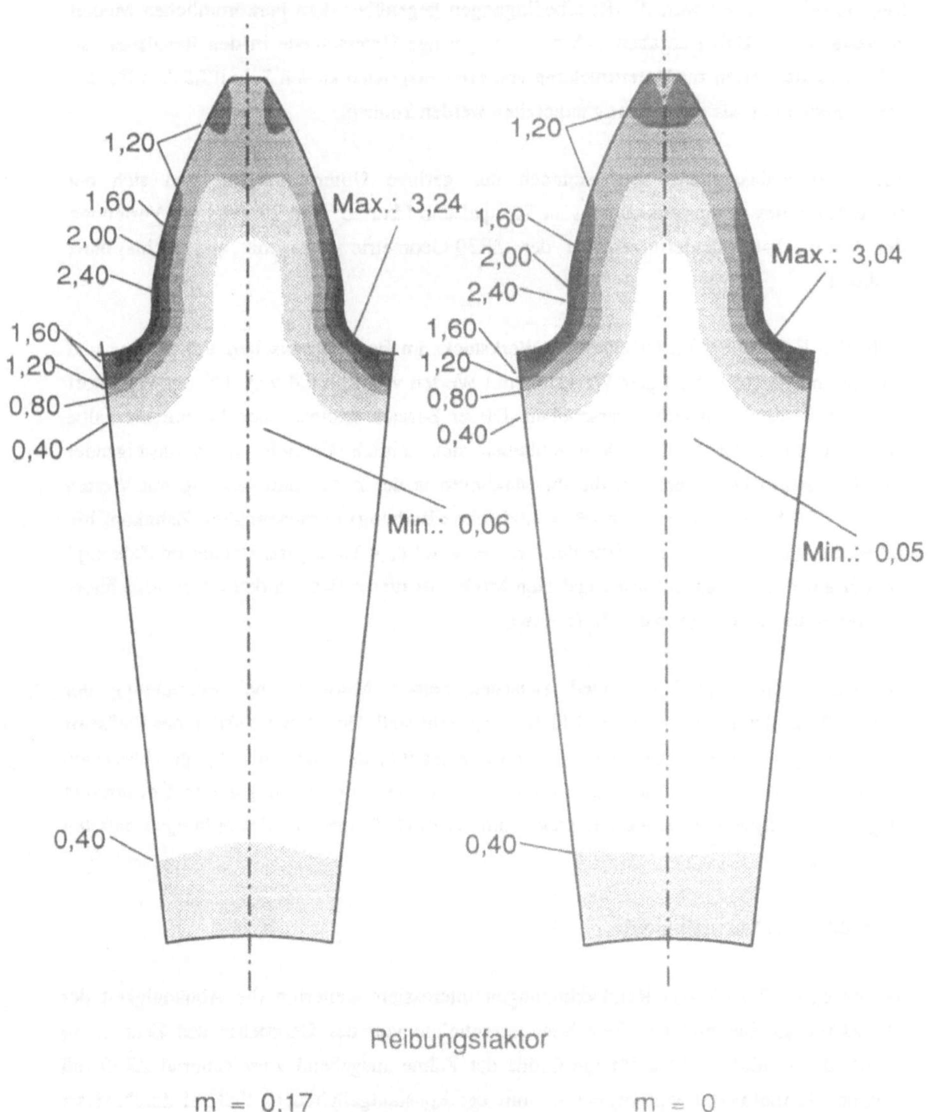

Bild 29: **Vergleichsformänderungen beim Ausfüllen einer Zahnlücke mit radialem Stoffluß zur Darstellung des Reibungseinflusses.**

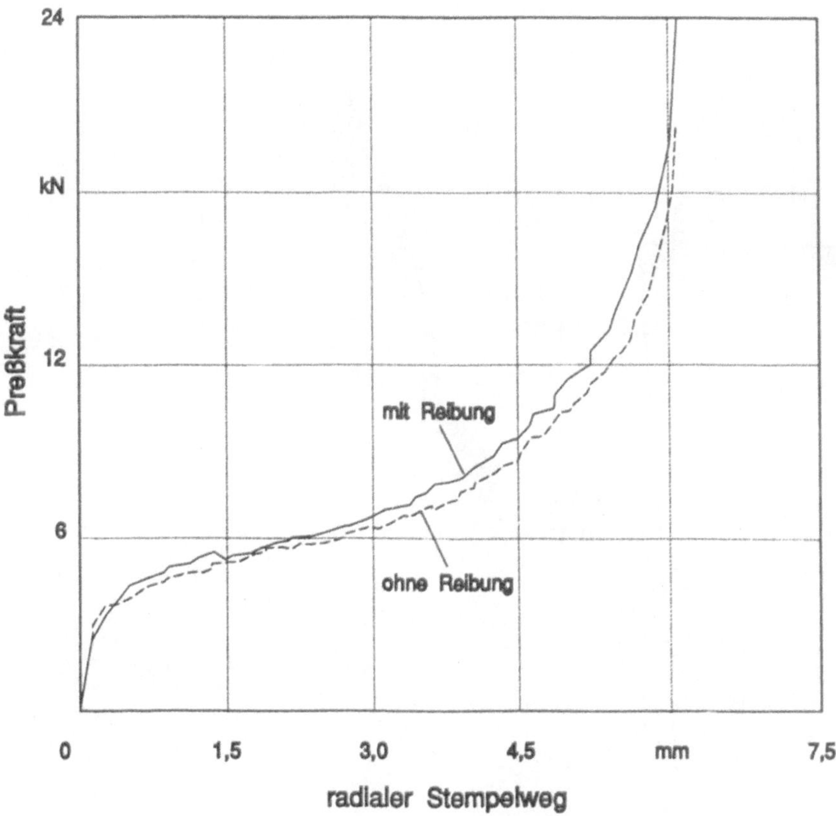

Bild 30: Kraft - Weg - Verlauf beim Ausfüllen einer Zahnlücke mit radialem Stofffluß mit und ohne Reibung.

von m_n = 3,0 mm entstand das ZR20, ein Zahnrad mit 20 Zähnen. Für beide Geometrien wurde in gleicher Weise wie beim ZR30 eine Simulation mit radialem Stofffluß durchgeführt. Die ermittelten Vergleichsformänderungsverteilungen sind in den Bildern 31 und 32 dargestellt.

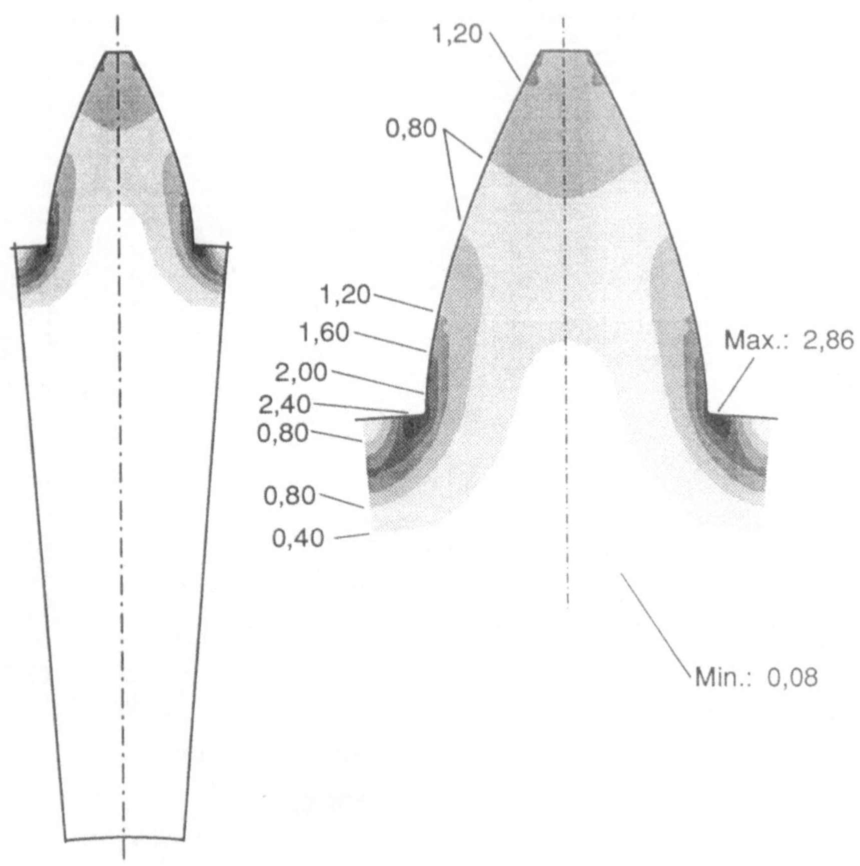

Bild 31: Vergleichsformänderungen ε_v beim Ausfüllen einer Zahnlücke des Zahnrades ZR40 mit radialem Stofffluß (Zur Verdeutlichung der unterschiedlichen Zahnhöhen links in gleichem Maßstab wie Bild 32).

Für den kleinen Zahn des ZR40 liegen im gesamten Zahnkörper wieder Werte von $\varepsilon_v < 0,4$ vor. Auch am Stempel steigen diese im Gegensatz zum ZR30 (Bild 29) durch das geringe auszufüllende Zahnvolumen und den damit verbundenen kleinen Stempelweg nicht weiter an. Das Gebiet niedriger Formänderungen reicht nur wenig in den Zahn hinein, gefolgt von einem größeren Bereich mit Werten $\varepsilon_v = 0,4 \dots 0,8$. Das obere Drittel des Zahns liegt durchweg bei Werten von $\varepsilon_v > 0,8$, wobei höhere Werte als $\varepsilon_v = 1,2$ am Übergang von der

Evolvente in den Kopfkreis nur ansatzweise auftreten. Das Maximum mit $\varepsilon_v = 2,86$ liegt noch im Zahnfuß kurz vor dem relativ scharfen Übergang vom Fußkreis in die Evolvente. Dabei ist der Bereich hoher Werte um das Maximum herum nur sehr klein ausgebildet. Sehr gut zu erkennen ist die bei den beiden größeren Zähnen wesentlich schwächer ausgeprägte Zone sehr niedriger Formänderungen, an der nachfolgender Werkstoff entlanggleitet und so in die Zahnlücke umgeleitet wird.

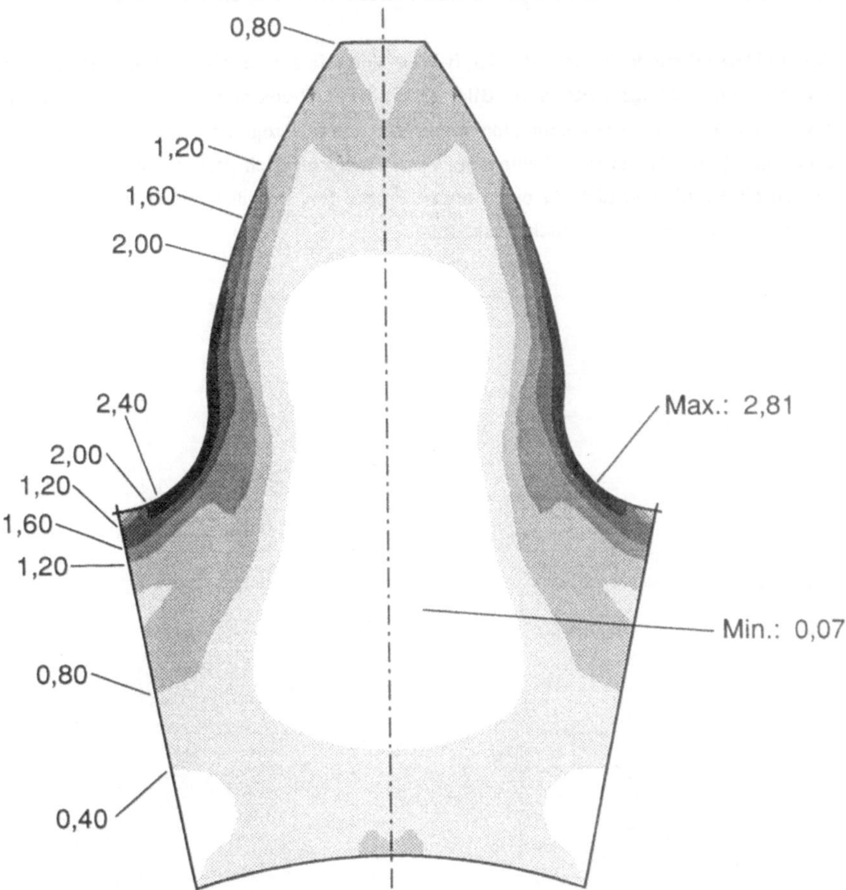

Bild 32: Vergleichsformänderungen ε_v beim Ausfüllen einer Zahnlücke des Zahnrades ZR20 mit radialem Stofffluß.

Gänzlich andere Verhältnisse liegen bei dem großen Zahn des ZR20 vor. Durch das große auszufüllende Volumen ist ebenfalls ein großer Stempelweg notwendig, der auch auf der

Stempelseite teilweise zu Formänderungen von größer als $\varepsilon_v = 0,8$ führt. Der Bereich nur leicht verfestigten Werkstoffs reicht weit in den Zahn hinein und ist dort entsprechend der Zahndicke auch breit ausgebildet. Durch den gegenüber dem ZR40 mehr als doppelt so weiten Weg, den der Werkstoff vom Zahngrund bis zum Zahnkopf zurückzulegen hat, sind die Bereiche hoher Formänderungen entlang der Evolvente sehr weit in den Zahn hineingezogen. Im Zahnkopf treten Bereiche mit Formänderungen $\varepsilon_v > 1,2$ gar nicht mehr auf - im Gegenteil - es kommt sogar zu einem Abfall der Werte unter $\varepsilon_v = 0,8$.

Bei der Darstellung der berechneten Kraft-Weg-Verläufe aus den Simulationen für die drei verschiedenen Zahngeometrien in Bild 33 sind die Preßkräfte auf einen kompletten 360°-Umfang der Werkzeuge mit einer Dicke von 1 mm bezogen, um die Vergleichbarkeit trotz - durch die Zähnezahlen bedingten - stark unterschiedlich großen Stempelflächen zu gewährleisten, obwohl dies für einen realen Prozeß mit sich über einen Vollkreis radial ausdehnenden Preßstempeln nicht denkbar ist.

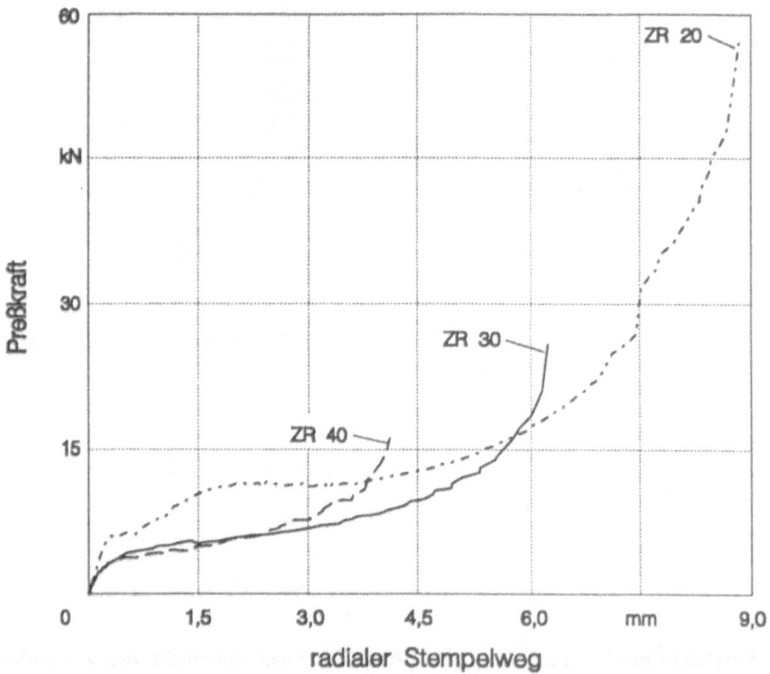

Bild 33: Kraft-Weg-Verläufe beim Ausfüllen von Zahnlücken verschiedener Geometrien mit radialem Stofffluß.

Trotz der sehr unterschiedlich großen Zähne ergibt sich für alle drei Geometrien gleich zuerst ein steiler Kraftanstieg, der schnell in einen langen Bereich schwachen Kraftzuwachses übergeht. Dabei unterscheiden sich auch die Kraftwerte anfangs nicht wesentlich. Mit zunehmender Ausfüllung der Zahnlücke ergibt sich einerseits durch die abnehmende Fließmöglichkeit des Werkstoffs und andererseits durch dessen zunehmende Verfestigung ein exponentieller Kraftanstieg mit nahezu vertikalem Verlauf bei Simulationsende.

Unterschiedlich jedoch sind die radialen Stempelwege aufgrund des ungleichen auszufüllenden Volumens und vor allem die Kräfte bei Erreichen der vollständig ausgefüllten Zahnkontur. Dies ist neben der Werkstoffverfestigung in unterschiedlich großen Bereichen im Zahngrund und bis in die Zahnlücke hinein auch in hohem Maße auf Werkstoffverfestigung im Stempelbereich zurückzuführen, die beim ZR40 mit einem Umformweg von 4,1 mm und resultierenden Vergleichsformänderungen von durchweg kleiner als $\varepsilon_v = 0,4$ recht wenig und beim ZR20 mit einem deutlich größeren Stempelweg von 8,7 mm und damit teilweise über $\varepsilon_v = 0,8$ liegenden Vergleichsformänderungen stark ausgeprägt ist. Gleichzeitig vergrößert sich die Stempelfläche mit fortschreitender Umformung beim ZR40 nur wenig und beim ZR20 auf mehr als das Doppelte. Das ZR30 liegt - seiner mittleren Größe entsprechend - mit seinen Werten jeweils zwischen den beiden anderen Geometrien.

Aufgrund dieser eng miteinander verbundenen und sich gegenseitig beeinflussenden Faktoren scheint eine Wertung bezüglich besserer Ausfüllbarkeit von kleinen oder großen Zähnen durch Querfließpressen aufgrund der Ergebnisse aus 2D-Simulationen im Stirnschnitt nicht möglich.

5.1.3 Vergleich der Ergebnisse aus der 2D- und 3D-Simulation

Für den Vergleich der Formänderungsverteilungen sind in Bild 34 links die Ergebnisse aus der 2D-Simulation mit DEFORM, durchgeführt für einen halben Zahn und rechts die Ergebnisse aus der 3D-Simulation mit FORGE3 für einen ganzen Zahn im Stirnschnitt durch die Zahnradmittelebene dargestellt.

Von der Zahnradmitte ausgehend liegen zunächst gleiche Wertebereiche beginnend mit $\varepsilon_v = 0,4 \ldots 0,8$ und nachfolgend $\varepsilon_v < 0,4$ vor. Dieser letzte erstreckt sich bei der 2D-Simulation über einen weiten Bereich des Zahnkörpers und ragt in der Zahnmitte bis auf halbe Höhe in diesen hinein. Nicht so bei der 3D-Simulation, bei der der Werkstoff nicht aus der Mitte heraus radial verschoben wird und sich dabei nur wenig verfestigt, sondern durch die axiale Zustellbewegung der Preßstempel (senkrecht zur Blattoberfläche) aus anderen Ebenen in die dargestellte Mittelebene gelangt. Dabei verändert der an den Stirnflächen rein axiale Stofffluß zu dieser Ebene hin seine Richtung durch zunehmend größere radiale Anteile. Dies wirkt sich in höheren Vergleichsformänderungen aus, die bereits auf halbem Wege zur Zahnlücke hin den Wert $\varepsilon_v = 0{,}4$ überschreiten und kurz darauf noch stärker ansteigen. Die niedrigsten Werte im Bereich zwischen den beiden Maxima in der Zahnfußrundung liegen höher als $\varepsilon_v = 1{,}2$, wohingegen in der 2D-Simulation die Werte noch bei $\varepsilon_v < 0{,}4$ liegen. Die Werte hoher Vergleichsformänderungen an beiden Zahnfußrundungen wirken sich sehr weit in das Zahninnere aus, so daß die durchweg starke Verfestigung des Werkstoffs ein vollständiges Ausfüllen der Zahnlücke wesentlich schwieriger macht als dies im Modell für die 2D-Simulation der Fall ist.

Bei den Kontaktnormalspannungen auf halber Zahnradbreite des 3D-Modells zwischen dem Zahnkopf der Matrize zur beginnenden Evolvente hin tritt ein rascher Abfall der Spannungswerte von über 3000 N/mm² auf unter 1600 N/mm² auf. Das Maximum im Flankenbereich ist auf etwa drei Viertel der Evolvente zum Zahnfuß der Matrize hin mit Werten von $\sigma_n > 2000$ N/mm² auf der Rechtsflanke und $\sigma_n > 2400$ N/mm² auf der Linksflanke zu verzeichnen. Bei der verzahnten Kontur des 2D-Simulationsmodells liegt hingegen ein kontinuierlicher Rückgang in der Höhe der Kontaktnormalspannungswerte von knapp unter 3000 N/mm² im Zahnkopfbereich der Matrizenverzahnung auf etwa 2400 N/mm² im Rundungsradius und im Verlauf der Evolvente von etwa 2000 N/mm² auf unter 1100 N/mm² vor. Diese gleichmäßigere - von Ausreißern nach oben oder unten nahezu nicht betroffene - Verteilung ist ebenso wie der Verlauf der Vergleichsformänderungen auf die relativ gesehen wesentlich höhere Knotenanzahl bei der Betrachtung des ebenen Modellprozesses zurückzuführen, da die Knotenanzahl bei der 2D-Simulation bei ungefähr 400 liegt, wohingegen im gesamten 3D-Netz "nur" zwischen 1200 und etwa 1500 Knoten Verwendung finden. Somit mußte auch hier die sicher in nicht allzu ferner Zukunft realisierbare Forderung nach Simulationen im 3D-Bereich mit noch gesteigerter Knoten- bzw. Elementanzahl gestellt werden, die zum Zeitpunkt der 3D-Simulationsrechnungen für das behandelte Projekt (Juni 1991) mit vertretbaren Rechenzeiten auf Arbeitsplatzrechnern noch nicht möglich waren. Somit könnte auch der nicht zu unterschätzende Aufwand für Kontroll- oder Vergleichsrechnungen im 2D-Bereich, die je nach Prozeß mit mehr oder weniger einschneidenden Vereinfachungen zusätzlich zu den benutzerdefinierten Rechenbedingungen ablaufen, entfallen.

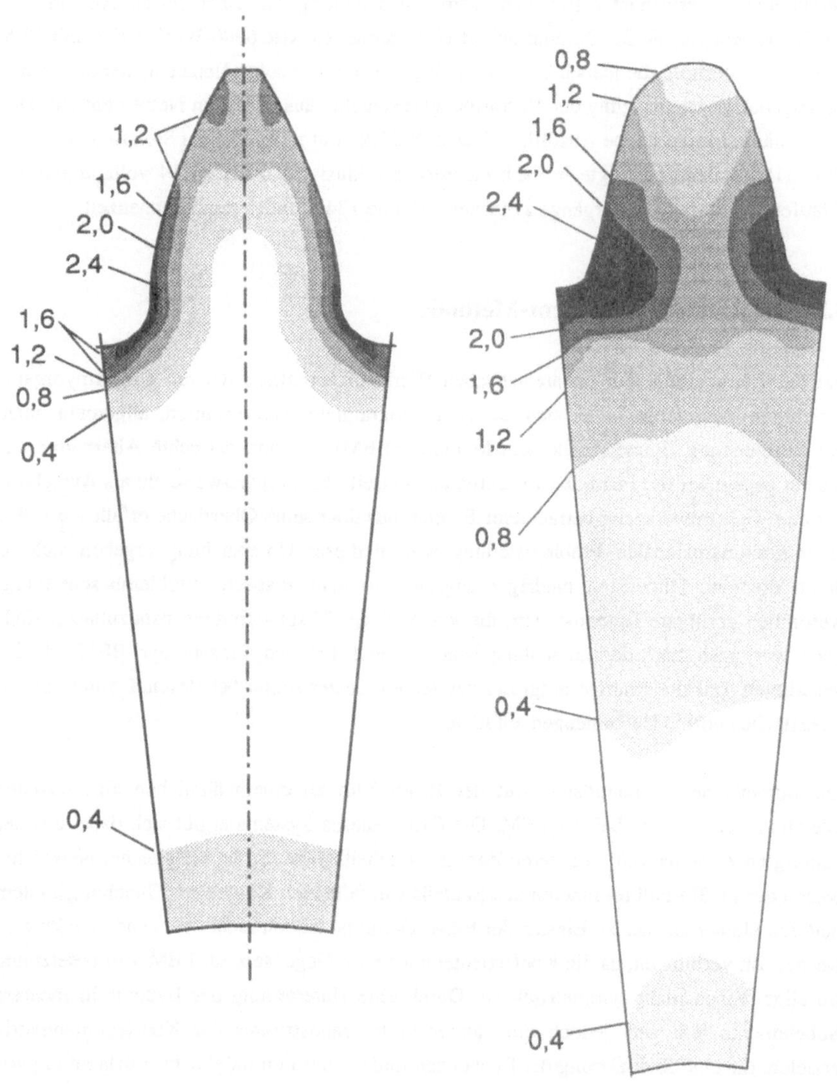

Bild 34: Gegenüberstellung der Vergleichsformänderungsverteilung bei der Geometrie ZR30 aus 2D- und 3D-FEM-Simulationen.

Ein Vergleich der Rechenzeiten stellt sich aufgrund der sehr verschiedenen für die Berechnungen verwendeten Rechnersysteme als schwierig dar. Doch sei als Anhaltswert die Rechenzeit für die 3D-Simulation auf einer schnellen Risc 6000-Workstation mit 52,5 Stunden wiederholt, die jedoch keinerlei Zeiten für die 20-malige Netzneugenerierung und die zugehörige Übertragung der Verformungsgeschichte aus den alten Netzen enthält. Die Rechenläufe für das ebene Ausfüllen einer Zahnlücke mit rein radialem Stofffluß auf einer DEC 3100-Anlage benötigte je nach Geometrie inklusive der bis zu 14 vollautomatisch ablaufenden Remeshingvorgänge zwischen 110 und 134 Stunden reine Rechenzeit.

5.2 Die Boundary-Element-Methode

Bei der Betrachtung rein linearelastischen Werkstoffverhaltens der am Umformvorgang beteiligten Werkzeuge bietet sich das Randintegralgleichungsverfahren, allgemein unter der Bezeichnung Boundary-Element-Methode (BEM) bekannt, als echte Alternative an. Sie hat gegenüber der FEM den wesentlichen Vorteil, daß üblicherweise ein als Ausschnitt aus dem Gesamtwerkzeug betrachteter Bereich nur über seine Oberfläche erfaßt wird. Bei einer dreidimensionalen Problemstellung wie in dieser Untersuchung ergeben sich so durch die eine Dimension niedriger angesiedelte mathematische Problembeschreibung wesentlich geringere Datenmengen, die während der Lösungsfindung handzuhaben sind. Dies war auch hier der ausschlaggebende Grund für den Einsatz der BEM, da im verzahnten Teil der Matrize aufgrund des feinen Netzes schon bei Beschränkung auf die Oberfläche enorme Datenmengen anfallen.

Die numerische Problemlösung mit der BEM führt zu einem ähnlichen algebraischen Gleichungssystem wie bei der FEM. Die Größe dieses Systems ergibt sich dabei aus der benötigten Knotenanzahl und deren Zahl der Freiheitsgrade. So ist bei gleicher Netzdichte wegen der im 3D-Fall im Inneren des Bauteils wegfallenden Knoten das Gleichungssystem deutlich kleiner als das bei Einsatz der FEM. Damit ist jedoch nicht zwingend eine kürzere Rechenzeit verbunden, da die Koeffizientenmatrix im Gegensatz zur FEM voll besetzt und im allgemeinen nicht symmetrisch ist. Durch eine Unterteilung des Bauteils in mehrere Subelemente läßt sich jedoch eine angenäherte Bandstruktur der Koeffizientenmatrix erzielen, die eine Reduzierung der Rechenzeit und bei der nun möglichen Auslagerung von Daten in einen Hintergrundspeicher auch eine Reduzierung des Kernspeicherbedarfs zur Folge hat.

Die bei dieser Untersuchung zugrundegelegte "direkte" Form der BEM wird in /103/ anhand des Arbeitssatzes von Betti ausführlich hergeleitet und die BEM anhand seiner

Umsetzung in das Programm BETSY einer gründlichen Untersuchung auf Genauigkeit und Zuverlässigkeit unterzogen. Als Anwendungsbeispiele werden neben Spannungszuständen in Matrizen mit quadratischen bzw. rechteckigem Durchbruch auch Spannungen und Verformungen für eine Matrize zum Hohl-Vorwärts-Fließpressen von geraden Stirnverzahnungen vorgestellt. Berechnungen zur elastischen Matrizenverformung beim Querfließpressen von schrägverzahnten Stirnrädern aus /104/ dienen zum Vergleich der in dieser Untersuchung ebenfalls mit dem Programm BETSY ermittelten Ergebnisse.

5.2.1 Das BEM-Programm BETSY-3D

Das an der TU München entwickelte Programmsystem BETSY (Boundary Element code for Thermoelastic SYstem) dient zur Berechnung von Spannungen und Verformungen komplexer Bauteile (hier: Werkzeuge) im Rahmen einer thermo-linearelastischen Betrachtungsweise auf Basis der BEM. Die fünf selbständigen Einzelprogramme, aus denen sich das Paket zusammensetzt, berücksichtigen dabei verschiedene Anwendungsfälle wie den ebenen Spannungs- oder Formänderungszustand, axialsymmetrische Geometrien mit verschiedenen Belastungsformen und allgemein dreidimensionale thermoelastische Probleme.

Bei dem hier verwendeten Programm BETSY-3D wird das Werkzeugmodell über Flächenelemente, die dessen Oberfläche beschreiben, dargestellt. Verwendung finden dabei ausschließlich Viereckselemente, die bei quadratischem Ansatz (Möglichkeit gekrümmter Elementkanten) aus vier Eck- und vier Seitenmittenknoten bestehen. Für den Fall, daß zum Schließen einer Oberfläche Dreieckselemente notwendig werden, können diese als entartete Viereckselemente mit drei zusammenfallenden Knoten (2 Eckknoten, 1 Seitenmittenknoten) dargestellt werden.

Mit Hilfe von Randbedingungen, die wahlweise für einen Knoten oder ein ganzes Element gelten, müssen einerseits Startkörperbewegungen unterbunden werden, d.h. der Werkzeugausschnitt muß in geeigneter Weise gelagert werden, andererseits können hier z.B. durch eine Armierung und die durch den Preßvorgang verursachten Normal- oder Tangentialspannungen oder Knotenpunktverschiebungen als Werkzeugbelastung angesetzt werden.

Mit der Anwendung der Substrukturtechnik, d.h. dem Unterteilen des Werkzeugmodells in mehrere Unterbereiche können zwei verschiedene Ziele verfolgt werden. Zum einen wird dadurch - wie bereits angesprochen - der Kernspeicherbedarf reduziert, wodurch wiederum die Untersuchung größerer bzw. feiner vernetzter Modelle oder der Einsatz kleinerer Rechenanlagen ermöglicht wird. Zum anderen wird dadurch im Inneren des Werkzeugs die Ermittlung von Spannungen und Verschiebungen an den Knoten der zusätzlich geschaffenen Schnittfläche zweier Unterelemente möglich.

Als Ergebnis der Berechnung erhält der Benutzer Verschiebungs- und Randspannungskomponenten, den gesamten Spannungstensor an jedem Knoten sowie die Vergleichsspannung nach v. Mises jeweils als Zahlenkolonnen, die ggf. mit Hilfe eines Postprozessors aufzubereiten sind.

5.2.2 Berechnung der elastischen Werkzeugverformung

Ebenso wie bei der Stoffflußsimulation mit Hilfe der FEM ist es auch bei Anwendung der BEM zur Berechnung der elastischen Matrizenaufweitung und -verformung notwendig und bei der Wahl geeigneter Randbedingungen auch gut möglich, nur einen Ausschnitt aus dem Gesamtwerkzeug als Simulationsmodell zu betrachten. Der in Bild 35 dargestellte Teil des Gesamtwerkzeuges umfaßt den Bereich eines vollständigen Zahnes mit seinen angeschnittenen Nachbarzähnen. Dies hat sich bei früheren Untersuchungen an Schrägverzahnungen im Hinblick auf auszuschließende negative Einflüsse der angenommenen Randbedingungen an den Schnittflächen auf die Ergebnisse am kompletten Zahn als ausreichend erwiesen /104/. Zur Festlegung des elastischen Verhaltens wurde für alle Werkzeugteile ein Elastizitätsmodul von 210 000 N/mm^2 und eine Querkontraktionszahl von $\nu = 0{,}28$ angesetzt.

Das Berechnungsmodell wurde aus den im vorigen Abschnitt genannten Gründen in drei Subelemente unterteilt. Subelement 1 stellt den eng vernetzten verzahnten Teil des Matrizeneinsatzes dar, Subelement 2 mit einer gröberen Vernetzung stellt den ringzylindrischen Matrizenteil und das Subelement 3 schließlich die Armierung dar. Während es sich bei der Trennfläche zwischen den Unterelementen 2 und 3 um eine reale Fuge, die sogenannte Armierungsfuge handelt, existiert die Trennfuge zwischen den Subelementen 1 und 2 nicht wirklich, d.h. es handelt sich um eine angenommene Fläche im Innern eines Bauteils, weshalb die Knoten dieser Schnittflächen fest miteinander gekoppelt sind. Trotz Anwendung der Substruktur- und der Hintergrundspeichertechnik ist durch das maßgebliche Subelement 1 mit 809 sogenannten Makroelementen aufgrund des sehr hohen Kernspeicherbedarfs eine Lösung des Problems nur auf dem Supercomputer CRAY2 des Rechenzentrums der Universität Stuttgart möglich.

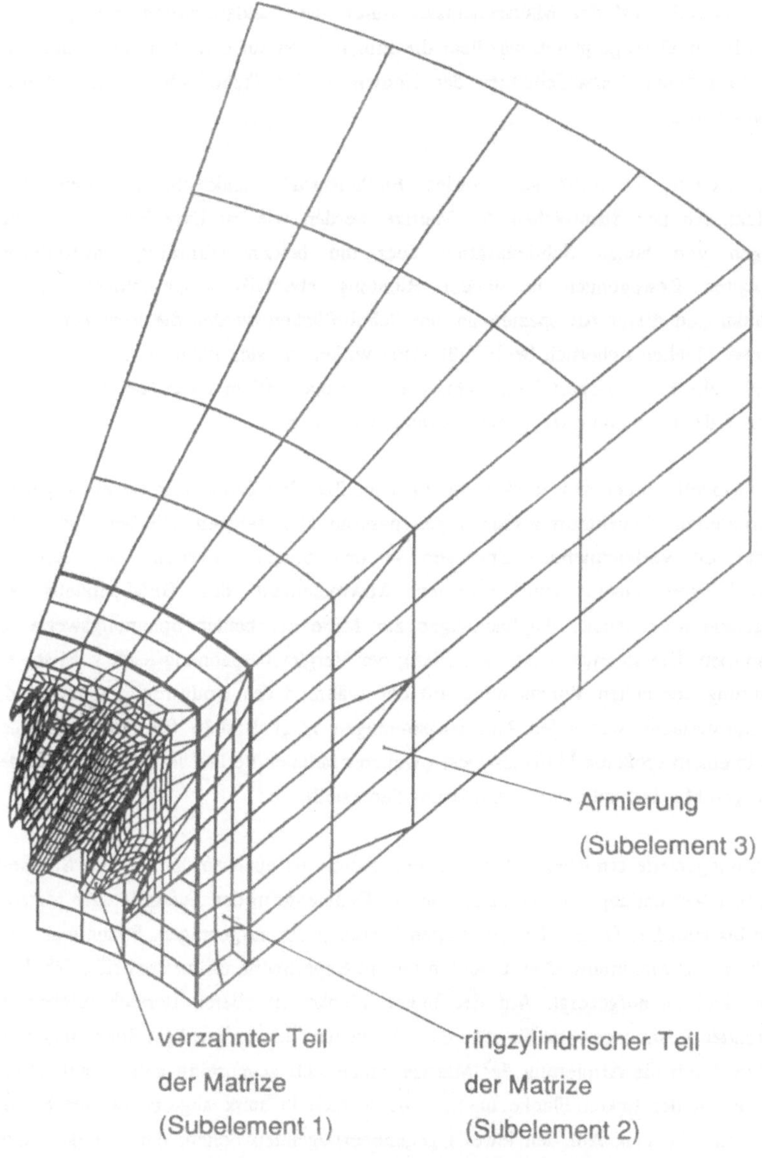

Bild 35: Simulationsmodell zur Berechnung elastischer Matrizenverformungen mit der BEM.

Wie im Realfall wird der Matrizeneinsatz durch die Bandarmierung mit $\xi = 10^\circ/_{\circ\circ}$ relativem Haftmaß vorgespannt, was über die Eingabe von auf den Matrizendurchmesser umgelegten radialen Verschiebungen der Knoten in der Trennfläche rechentechnisch nachgebildet wird.

An den axialen Schnittflächen werden Freiheitsgrade senkrecht zur Oberfläche unterdrückt. An den Stirnflächen der Matrize werden wie im Experiment durch das Aufbringen von hohen Schließkräften über die beiden stirnseitig angeordneten Schließplatten Bewegungen in axialer Richtung ebenfalls ausgeschlossen. Durch Einschränkungen dieser Art speziell an den Schnittflächen werden die Resultate in der Nähe dieser Flächen sicherlich beeinflußt, doch wirken sie sich nicht bis in den Bereich des einen vollständig dargestellten Zahnes aus, weshalb allein dieser bei der späteren Auswertung der Berechnungsergebnisse herangezogen wird.

In dieses Modell wurden anschließend die über die 3D-FEM-Simulation für einen ganzen Zahn ermittelten Kontaktnormalspannungen passend übernommen. Hierbei wurden bei den vereinzelt vorkommenden Sprüngen in den Spannungswerten von mehr als $700 \, N/mm^2$ von einem zum nächsten Makroelement des BEM-Modells aus Konvergenzgründen leichte Angleichungen zur Mitte der beiden Spannungswerte hin vorgenommen. Die so entstehende Verteilung der Vergleichsspannung nach v. Mises bei Überlagerung der hohen Vorspannung mit den während des Umformvorgangs auf die Werkzeugoberfläche wirkenden Normalspannungen zeigt Bild 36 für den verzahnten Bereich in einem größeren Maßstab. Deren weiterer radialer Verlauf ist in Bild 37 für den ringförmigen Matrizenteil und die Armierung dargestellt.

Die Spannungswerte erreichen sowohl an der oberen als auch an der unteren Stirnseite trotz starker Verrundung im Übergang von der Evolvente in den Fußkreis (der Matrize) mit dem bis zum Dreifachen des gemittelten Wertes $\bar{p}$ der aufgeprägten Spannungen von $1560 \, N/mm^2$ ihr Maximum. Damit werden die im Experiment am meisten rißgefährdeten Bereiche deutlich aufgezeigt. Auf der linken Flanke im oberen Bereich reichen die resultierenden Spannungswerte bis etwa $0{,}1 \cdot \bar{p}$ hinunter, d.h. aufgeprägte Spannungen und diejenigen durch die Armierung der Matrize heben sich gegenseitig nahezu auf. Dieser Zustand ist in der linken Flanke unten - wenn auch in stark abgeschwächter Form - ebenfalls zu erkennen. Auf den jeweils gegenüberliegenden Seiten, d.h. auf der linken Flanke im unteren und auf der rechten Flanke im oberen Bereich findet dieser Nahezu-Ausgleich nicht statt. Die Überlagerung der Spannungen ergibt hier ausgehend von den Maxima im Übergang zum Fußkreis in großen Bereichen Werte um das $0{,}8...1{,}3$-fache der gemittelten Normalspannungen auf die verzahnte Oberfläche.

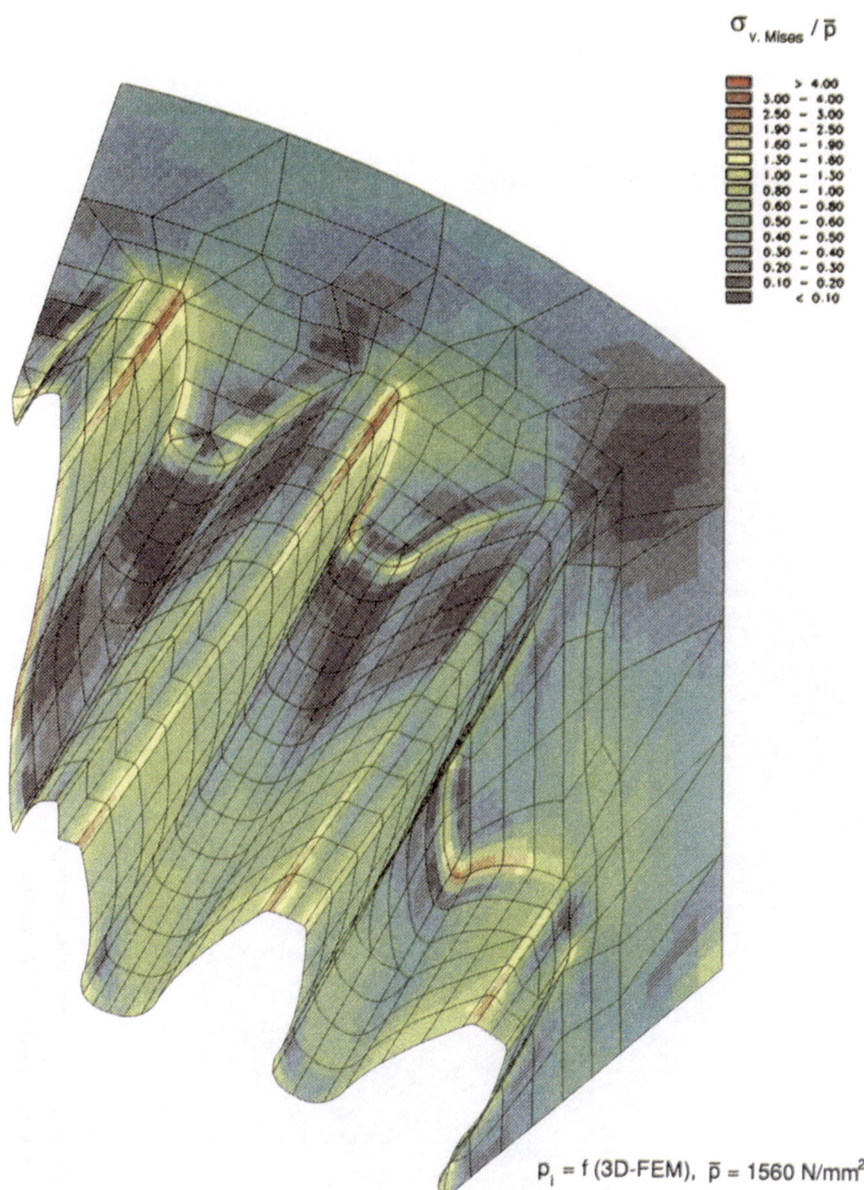

Bild 36: Verteilung der Vergleichsspannungen nach v. Mises in einer schrägverzahnten Matrize mit der BEM ermittelt.

$p_i = f$ (3D-FEM), $\bar{p} = 1560$ N/mm^2

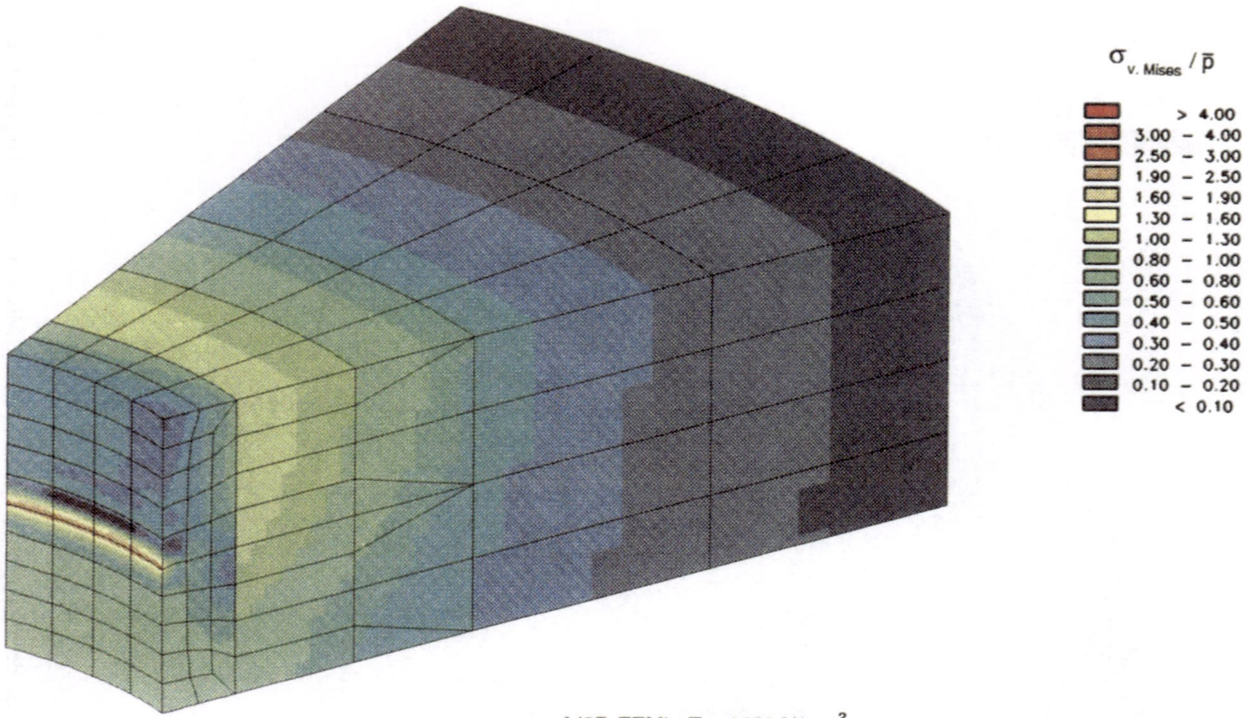

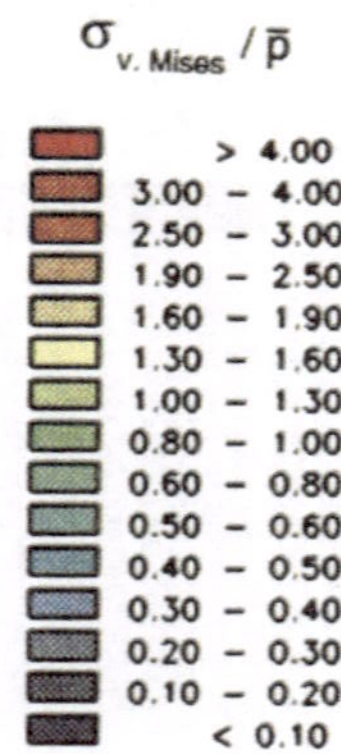

Bild 37: Verteilung der Vergleichsspannungen nach v. Mises im Matrizenring und der Armierung mit der BEM ermittelt.

Diese stark unterschiedliche Verteilung der Vergleichsspannungen läßt eine ebenfalls ungleichmäßige Deformation des Matrizenzahnes erwarten.

Aufgrund ihrer materiellen Einheit zeigen sich an den Subelementgrenzen zwischen 1 und 2 keinerlei Differenzen im Spannungsverlauf. Auffallend an dieser Schnittfläche sind jedoch die sehr hohen Spannungswerte (bis $2{,}3 \cdot \bar{p}$) entlang der unteren Begrenzungslinie des Subelements 1. Diese sind auf die scharfe Kante und den somit plötzlich geringeren Widerstand der nun dünneren Matrizenwand gegen die hohe Vorspannung durch die Armierung zurückzuführen. Daß diese Spitzenspannung im Experiment ebenfalls vorhanden ist, zeigt sich an Rissen, die gerade in diesem Bereich auftraten und durch Vergrößern des Radius von anfänglich 1 mm auf 3 mm bei weiteren Preßversuchen ausgeschlossen werden konnten.

An der Trennfuge zwischen Matrizenring und Armierungsverband ist die Wirkung der Vorspannung, d.h. Druckspannungen im Innenring sowie tangentiale Zugspannungen im Außenring, sehr deutlich anhand des Sprungs in der Vergleichspannung auch unter Last nachzuvollziehen.

Bei der Auswertung der Knotenpunktverschiebungen als Maß für elastische Verformungen des Zahnes oder der Matrize soll das Augenmerk allein auf den Bereich der verzahnten Kontur, die es in einem späteren Schritt geeignet abzuändern gilt, gerichtet werden. Da es sich bei der formgebenden Matrize exakt um das Negativ des herzustellenden Zahnrades handelt, können alle ermittelten Abweichungen direkt auf dieses bezogen werden. Dies erscheint auch im Hinblick darauf sinnvoll, daß die während des Preßvorgangs elastisch verzerrte Geometrie ausschließlich am gepreßten Rad, nicht aber an der nach Entlastung, d.h. nach dem Ausstoßen des Werkstücks, in Ausgangsstellung zurückfedernden Matrize meßtechnisch aufgenommen werden kann.

Am stärksten wirkt sich die Belastung der Matrize in Form einer radialen Aufweitung aus, die in Bild 38 mit 30-fach überhöhten Abweichungen dargestellt ist. Das dünn gezeichnete Netz gibt dabei die armierte Ursprungsgeometrie der unteren Stirnfläche der Matrize wieder. dick eingezeichnet ist die während des Preßvorgangs entstehende verzerrte Geometrie. Demnach vergrößert sich das Zahnrad im Bereich seines Kopfkreises an der oberen Stirnfläche um 0,245 mm und an der unteren um 0,219 mm. Stärker fällt diese Aufweitung im Bereich des Grundkreises mit 0,283 mm oben und 0,273 mm unten aus. Dies ist auf die gleichzeitig auftretende Verkleinerung der Zahnhöhe, die hierin enthalten ist, zurückzuführen.

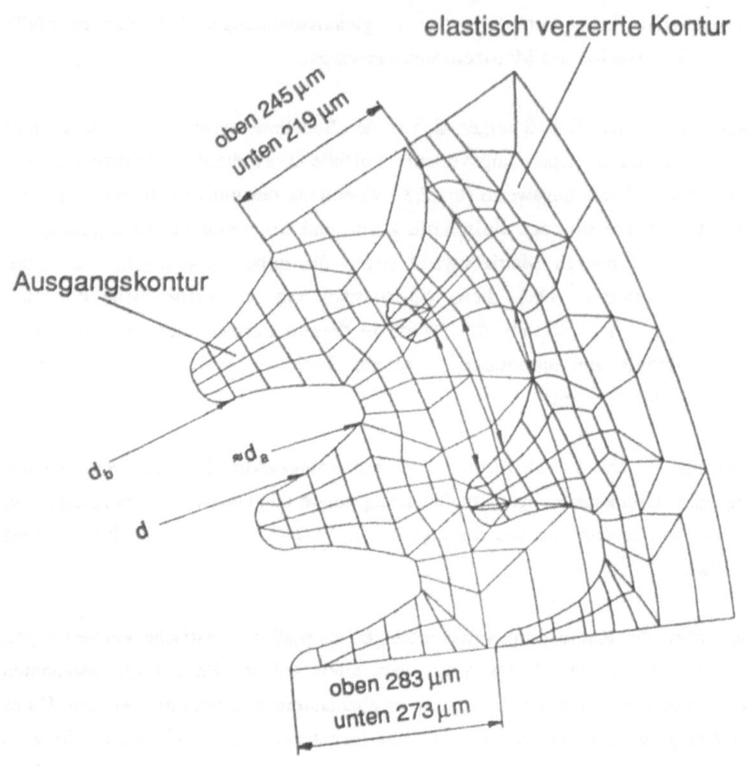

Bild 38: Radiale Aufweitung im Stirnschnitt der verzahnten Matrize.

Die radiale Aufweitung erreicht im oberen Bereich durchweg um bis zu 26 µm größere Werte als an der unteren Stirnfläche, was bedeutet, daß eine nach oben leicht kegelige Kontur vorliegt.

Die Zahnhöhenänderung ist mit -60 µm in der Mitte am größten, nimmt nach oben und unten hin aufgrund der dort niedrigeren Kontaktnormalspannungen etwas ab. Mit der Änderung der Zahnhöhe und der radialen Aufweitung eng verbunden ist die Änderung der Zahndicke des gepreßten Rades. Diese liegt in der Mitte durchweg bei leicht negativen Werten (Zusammenfassung der ermittelten Abweichungen siehe Tabelle 1), d.h. in dem mit den höchsten Belastungen beaufschlagten Matrizenbereich ist die Stauchung (Höhenabnahme) des Matrizenzahnes so groß, daß trotz der radialen Aufweitung noch eine

Zunahme in der Breite des Matrizenzahnes bewirkt und der gepreßte Zahn in diesem Bereich deshalb leicht dünner wird. Zu den beiden Randbereichen hin überwiegt die Vergrößerung der Zahnlücke aufgrund der radialen Aufweitung die leichte Aufdickung der weniger stark gestauchten Matrizenzähne, so daß es je nach Lage des Meßpunktes zu einer Zunahme der Zahndicke des gepreßten Rades zwischen 38 µm und 59 µm kommt.

Neben der radialen Aufweitung der Matrize und dem Stauchen des Zahnes kommt es zu einer weiteren Abweichung des belasteten Zahnes von der Sollgeometrie. Der Zahn richtet sich entgegen dem Schrägungswinkel auf, jedoch nicht gleichmäßig über der Höhe, sondern von der Mitte ausgehend in leicht gebogener Form wie es in Bild 39 - wieder in verstärktem Maße - dargestellt ist. Die Umrechnung der Verschiebungen der Knotenpunkte entlang der Flankenlinie ergibt mit -88 µm für die linke und -82 µm für die rechte Flanke Linienwinkelabweichungen in etwa gleicher Größe. Negative Werte stehen dabei definitionsgemäß für eine Verkleinerung des Schrägungswinkels. Diese läßt sich aus der Flankenlinienwinkelabweichung mittels einer aus der Norm /118/ entnommenen Gleichung bestimmen:

$$f_\beta = \frac{f_{H\beta}}{L_\beta} \cdot \frac{\cos^2 \beta}{\cos \alpha_t} \quad [mrad] \quad \text{bzw.} \quad f_\beta \approx 206 \cdot \frac{f_{H\beta}}{L_\beta} \cdot \frac{\cos^2 \beta}{\cos \alpha_t} \quad [\,''\,] \qquad (7)$$

mit:

f_β [mrad] oder ["]   = Schrägungswinkelabweichung

$f_{H\beta}$ (µm)   = Flankenlinien - Winkelabweichung

L_β [mm]   = Bezugsbreite (üblicherweise 80% der Zahnradbreite).

Somit ergibt sich die berechnete Änderung des Schrägungswinkels für die linke Flanke zu 0° 15' 12", sowie für die rechte Flanke zu 0° 14' 09". In der Darstellung der Lage der ausmittelnden Geraden der Ist-Flankenlinien zu den aufgerichteten Soll-Flankenlinien beider Seiten, ebenfalls in Bild 39 dargestellt, ist neben dem verkleinerten Schrägungswinkel auch die nach oben leichte Breitenabnahme des Matrizenzahns um 6 µm ersichtlich. Das bedeutet, daß neben der kegeligen Ausbildung des Zahnrades im Ganzen auch eine leicht spitz zulaufende Form der einzelnen Zähne vorliegt. Dies könnte auf die Lage der Matrizenverzahnungen am oberen Rand einer gegenüber der Verzahnung höheren Armierung zu erklären sein, die aufgrund werkzeuggeometrischer Randbedingungen jedoch nicht vermeidbar war.

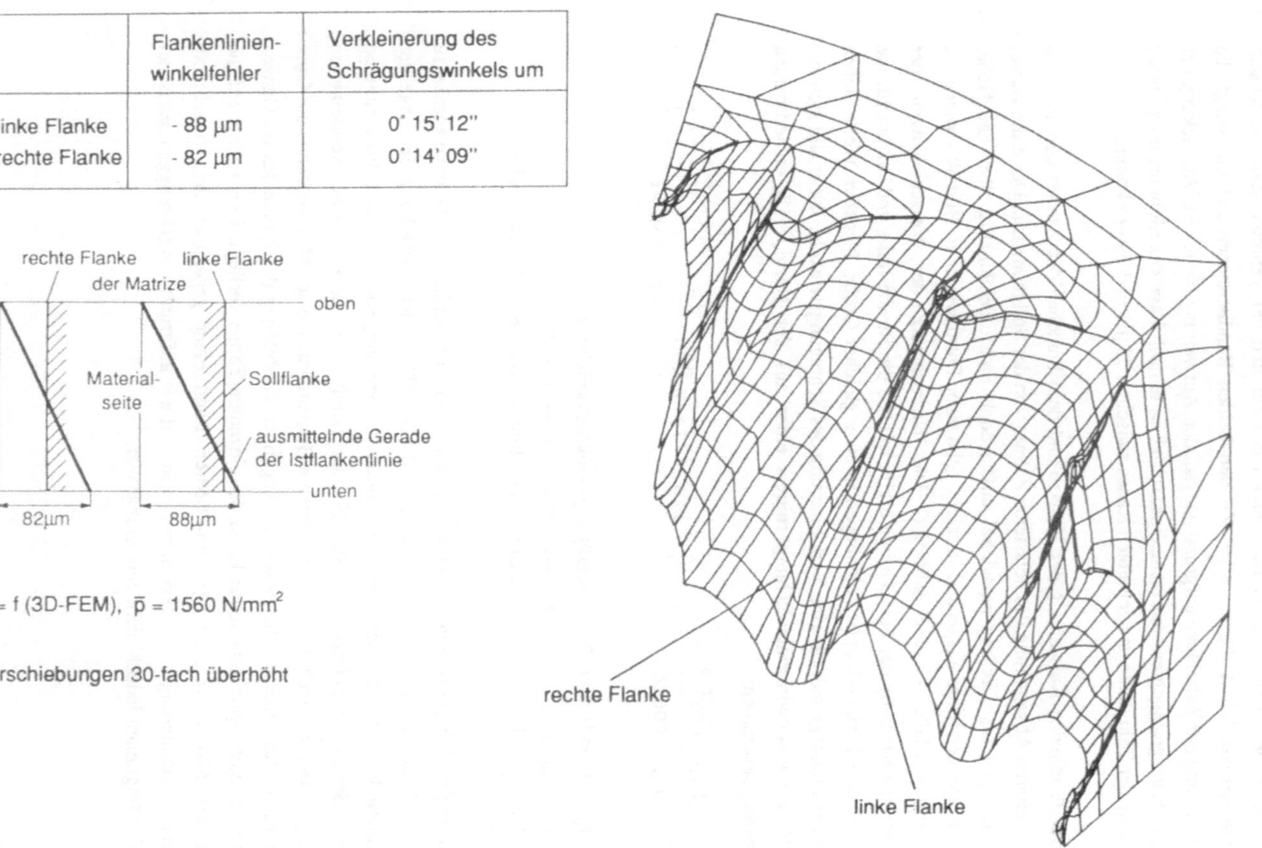

$p_i = f$ (3D-FEM), $\bar{p} = 1560$ N/mm^2

Bild 39: Elastische Verformung der Matrizenzähne während des Umformvorgangs.

Während die Form der Flankenlinie mit maximalen Abweichungen von 10 μm sehr gut mit der Sollgeometrie übereinstimmt, gibt es bei der Form des Profils mit Werten zwischen 28 μm und 32 μm deutlich größere Abweichungen. Diese können auf die stark abgeänderte Krümmung der Evolvente durch das Aufstauchen des Matrizenzahnes unter Belastung zurückgeführt werden.

Ebenfalls große Abweichungen gibt es bei Betrachtung des Profilwinkels. Die Werte schwanken hier je nach Lage der Profillinie zwischen 21 μm und 128 μm, haben jedoch eines gemeinsam: aufgrund ihrer Lage durchweg "im Positiven" ergibt sich bei Betrachtung der zu ermitelnden Profillinie, der Definition entsprechend, der Schluß auf einen relativ mehr oder weniger zu dicken Zahnkopf, was wiederum eng mit der bereits beschriebenen radialen Matrizenaufweitung und der Vergrößerung der Zahnlücken zusammenhängt.

Zusammenfassend sind alle wichtigen diskutierten Ergebnisse aus den Simulationsrechnungen mit dem Programm BETSY-3D in Tabelle 1 wiedergegeben.

Bei einem abschließenden Vergleich dieser Ergebnisse mit Simulationsrechnungen mit über der verzahnten Oberfläche konstantem Innendruck von 1500 N/mm² /104/ wird deutlich, daß signifikante Unterschiede vor allem bei der Abnahme der Zahnhöhe zu verzeichnen sind, wobei - den aufgeprägten Spannungen entsprechend - hier die Werte der Zahnhöhenabnahme mehr als doppelt so hoch liegen. Auch der aus dem Aufrichten der Zähne resultierende Flankenlinienwinkelfehler wird stark von den im Zahnkopf der Matrize herrschenden deutlich höheren Spannungen beeinflußt und liegt deshalb etwa 40% höher als bei konstanter Innendruckverteilung. Dagegen sind die Werte der radialen Matrizenaufweitung bei konstanten 1500 N/mm² und gemittelten 1560 N/mm² auf der verzahnten Oberfläche durchaus vergleichbar. Dies zeigt, daß Anhaltswerte für das elastische Werkzeugverhalten nur bedingt aus Simulationen mit -wenn auch recht gut gewählter - konstanter Innendruckverteilung zu erhalten sind.

Tabelle 1: Berechnete elastische Werkzeugdeformationen übertragen auf das gepreßte Zahnrad.

		oben	Mitte	unten
radiale Aufweitung	im Kopfkreis	245 μm		219 μm
	im Teilkreis	280 μm	275 μm	259 μm
	im Grundkreis	283 μm		273 μm
Zahnhöhenänderung		-37 μm	-60 μm	-53 μm
Zahndickenänderung	im Kopfkreis	46 μm	-2 μm	38 μm
	im Teilkreis	59 μm	-1 μm	51 μm
	im Grundkreis	55 μm	-1 μm	56 μm
Zahnflanken	Linienformabweichung	5 - 10 μm		
	Linienwinkelabweichung			
	linke Flanke	-88 μm		
	rechte Flanke	-82 μm		
Zahnprofil	Profilformabweichung	28 - 32 μm		

		oben	Mitte	unten
	Profilwinkelabweichung			
	linke Flanke	95 μm	21 μm	68 μm
	rechte Flanke	41 μm	128 μm	82 μm

6 Korrektur der Verzahnungsgeometrie

Zur Kompensation der sich unter Last einstellenden Abweichungen von der Sollgeometrie war vorgesehen, anhand berechneter und in Ausnahmefällen gemessener Werte eine neue vorverzerrte Verzahnungsgeometrie zu finden, die sich während des Preßvorgangs so verformt, daß in diesem Augenblick die gewünschte Verzahnungsgeometrie möglichst genau dargestellt wird.

Diese korrigierte Verzahnung sollte jedoch ebenfalls den geometrischen Zusammenhängen einer Evolventenverzahnung gehorchen und keinesfalls nur als Folge von Koordinaten angegeben sein, deren spätere Herstellung zur Verifikation der Berechnungsergebnisse auch im Zusammenhang mit der geforderten Präzision der Preßwerkzeuge einen vertretbaren Kostenrahmen für einzelne Versuchswerkzeuge gesprengt hätte. So beschränken sich die vorgenommenen Korrekturen auf wenige Verzahnungsgrößen, die zwar aufgrund der engen geometrischen Verkettung nahezu alle zur Herstellung notwendigen Größen beeinflussen, aber dennoch ohne die teure Herstellung von Sonderprofilen an den verwendeten Schleifscheiben auskommen.

Aus der Vielzahl der über die BEM-Simulation erhaltenen Ergebnisse gilt es zunächst, anhand der Klassifizierung in verschiedene Abweichungsarten eine Auswahl korrigierbarer Größen zu treffen. Dies ist speziell im Hinblick auf das bei der Matrizenherstellung zur Anwendung kommende Senkerodieren notwendig, da hierbei verfahrensabhängige Randbedingungen und Einschränkungen zu berücksichtigen sind.

Im Hinblick auf die Matrizenherstellung durch Senkerodieren korrigierbare Werte sind:

- die radiale Matrizenaufweitung
- das Zweikugelmaß
- die Zahnhöhe
- die Zahndicke, gleichmäßig über die Zahnradbreite
- die Profilwinkelabweichung, gleichmäßig über die Zahnradbreite
- die Profilformabweichung sowie
- die Flankenlinienwinkelabweichung.

Nicht korrigierbar aufgrund des gewählten Fertigungsverfahrens oder durch die Fertigung bedingte Größen sind:

- sich über der Zahnradbreite ändernde Werte z.B. für Zahndicke und Zahnhöhe

- Flankenlinienformabweichungen
- Teilungsabweichungen sowie
- Rundlaufabweichungen.

Somit ergibt sich die folgende Vorgehensweise bei der Korrektur der Verzahnungsgeometrie. Zunächst werden Kopf- und Fußkreisdurchmesser um einen mittleren Wert (0,52 mm) der berechneten radialen Aufweitung verkleinert.

Danach steht die Ermittlung des Wertes an, um den der Schrägungswinkel der Verzahnung verändert werden soll. Während hierfür die Berechnung mit der BEM für beide Flanken in etwa gleiche Werte von ca. 14 bis 15 Winkelminuten ergibt, zeigen sich - und hier müssen aufgrund der signifikanten Abweichung zu den berechneten auch noch gemessene Werte mit einfließen - bei früheren Experimenten mit unverzerrten schrägverzahnten Matrizen /73/ mit 0° 27' 38" durchweg wesentlich größere Änderungen des Schrägungswinkels auf der linken Flanke als auf der rechten mit 0° 12' 05" Da für diese großen Abweichungen keine Fehler oder falsche bzw. schlechte Annahmen für Randbedingungen in der Simulation ausgemacht werden konnten, lag der Schluß nahe, daß die starke Vergrößerung des Flankenlinienwinkelfehlers auf der linken Seite nur durch den Ausstoßvorgang, der in der Simulation gänzlich unberücksichtigt ist, hervorgerufen werden kann. Der Nachweis hierfür wird in Abschnitt 7.4.2 erbracht. Somit wird als Korrekturwert für den Schrägungswinkel mit 0° 19' 58" ein Mittelwert aus berechneten und gemessenen Abweichungen für beide Flanken gewählt.

Hieraus ergibt sich ein neuer, da vom Schrägungswinkel abhängiger Teilkreis und eine neue Zahnform, die gegenüber der unverzerrten im Teilkreis etwa 0,01 mm und im Zahnkopf um ganze 0,4 mm dicker ist. Deshalb erfolgt eine Vergrößerung des Normaleingriffswinkels, was bewirkt, daß der Zahn im Teilkreis dicker und im Zahnkopf stark dünner wird, sowie daß der Fußrundungsradius kleiner wird. Ausgeglichen wird dies durch eine Verkleinerung des Profilverschiebungsfaktors, wodurch der Zahn im Teilkreis wieder etwas dünner und im Zahnkopf dicker wird. Daraus ergeben sich aufgrund der engen geometrischen Zusammenhänge für den Großteil der Verzahnungsgrößen neue Werte, die für die Ausgangsgeometrie und die korrigierte Geometrie im Anhang vollständig wiedergegeben sind.

Die so ermittelte Kontur zur Kompensation der elastischen Werkzeugverformungen ist in Bild 40 oben in ihrer richtigen Lage zur Ausgangsgeometrie sowie unten radial um den Korrekturwert verschoben zum Vergleich der beiden Profilformen dargestellt.

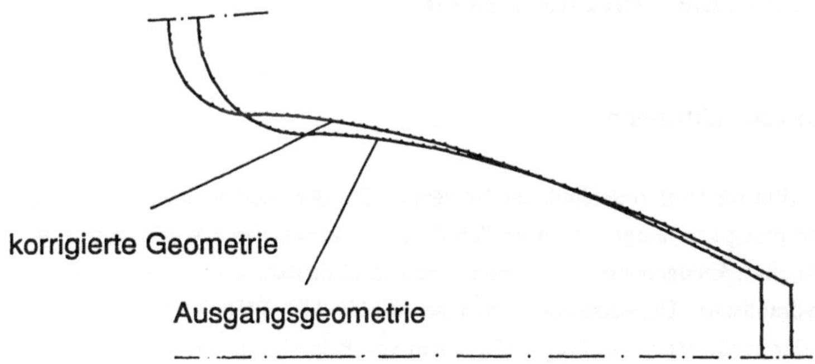

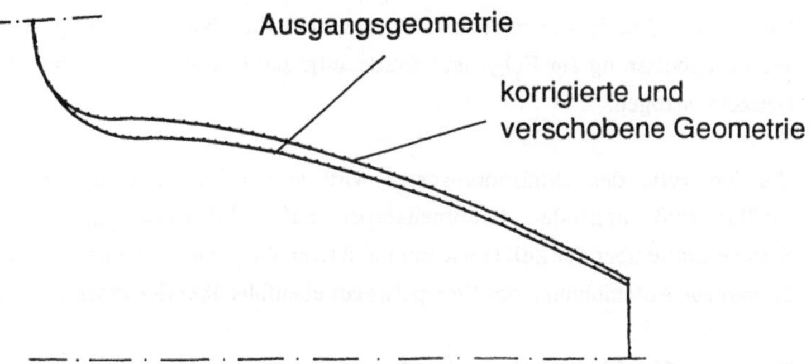

Bild 40: Konturverläufe vor und nach der Korrektur.

Die so entstandene Geometrie stellt einen guten Kompromiß zwischen Annäherung an die ursprüngliche Kontur bei verkleinerten Durchmessern einerseits und der sich zwingend verändernden Ausbildung der Zahnfußausrundung andererseits dar, läßt aber aufgrund der vom Zahnfuß zum Zahnkopf abnehmenden zusätzlichen Breite gegenüber der Ausgangskontur negative Profilwinkelabweichungen, d.h. einen zu spitzen Zahn unter Last erwarten.

7 Experimentelle Untersuchungen

7.1 Versuchseinrichtungen

Von den am Institut für Umformtechnik der Universität Stuttgart vorhandenen Pressen für die Massivumformung kam aufgrund der großen Höhe des verwendeten Werkzeugaufbaus mit zwei Schließwerkzeugen und zwei integrierten Kraftmeßkörpern nur eine einfach wirkende ölhydraulische Doppelständerziehpresse (SMG HZ PUI 300/300) für die Durchführung der Preßversuche in Frage. Mit einem vertikalen Einbauraum von mehr als 1200 mm bietet sie auch bei der vorliegenden Werkzeughöhe noch ausreichenden Freiraum für die Werkstückhandhabung und beim Wechsel der Werkzeugaktivteile. Das Ausbringen der umgeformten Werkstücke aus der Matrize erfolgt über einen im Pressentisch integrierten Auswerfer.

Die ebenfalls maßgebliche verfügbare Gesamtpreßkraft von 6 MN wurde - aufgeteilt in die Werkzeugschließkraft und die eigentliche Umformkraft - voll in Anspruch genommen. Eine weitere Steigerung der Preßkraft hätte eine nur unwesentlich bessere Formfüllung (siehe auch Simulationsergebnisse in Abschnitt 8.2) bei gleichzeitig stark ansteigender Werkzeugbelastung zur Folge und wurde aufgrund solcher Erfahrungen /73/ hier nicht in Betracht gezogen.

Zur Kontrolle des Umformprozesses wird je ein im Ober- und Unterwerkzeug im Preßkraftfluß liegender Kraftmeßkörper auf DMS-Basis zur Aufzeichnung der Stempelkräfte über der Zeit sowie ein induktiver Weggeber mit einem Gesamtmeßweg von 25 mm zur Aufzeichnung des Stempelweges ebenfalls über der Prozeßzeit verwendet.

Die zum Geschlossenhalten des Werkzeugs notwendige Kraft wird nicht explizit aufgenommen sondern kann anhand des eingestellten - während des Umformvorgangs aufgrund der Verwendung von Blasenspeichern nur wenig ansteigenden - Drucks in den beiden Schließwerkzeugen rechnerisch einfach ermittelt werden.

Die Widerstands- bzw. Induktivitätsänderungen der Aufnehmer für Preßkraft und Stößelweg werden mittels Meßverstärker, PC mit Transientenkarte und geeigneter Software nach Auslösung durch das den Triggerpunkt überschreitende Wegsignal quasi zeitgleich erfaßt, verarbeitet und über der Prozeßzeit am Monitor angezeigt. Die Erstellung üblicherweise verwendeter, weil wesentlich anschaulicherer Kraft-Weg-Diagramme aus den aufgezeichneten Daten geschieht mit Hilfe eines nachgeschalteten Meßwertverarbeitungsprogramms.

7.2 Versuchswerkstoff

Zur Beurteilung der auf theoretischem Wege gewonnenen Geometrie mit Vorverzerrung zur Kompensation elastischer Matrizenverformungen wurde zwingendermaßen derselbe Werkstoff zur Durchführung der Experimente eingesetzt, dessen Formänderungswiderstand und Verfestigungsverhalten bereits über die Ludwik-Gleichung in die simulatorische Betrachtung eingegangen war.

Dabei handelt es sich um einen legierten Einsatzstahl, wie er auch derzeit zur spanenden Fertigung der aus der laufenden Serie stammenden Zahnradgeometrie benutzt wird. Zur Verwendung kommt hier ein dem bei der Verzahnungsherstellung geläufigen Stahl 16MnCr5 (1.7131) ähnlicher Werkstoff, dessen chemische Zusammensetzung in Tabelle 2 und dessen im Zylinderstauchversuch an weichgeglühten Proben aufgenommene Fließkurve in Bild 41 dargestellt sind.

Tabelle 2: Chemische Zusammensetzung des verwendeten Versuchswerkstoffs.

16 MnCr 5	C	Si	Mn	P	S	Cr	Ni
zul. Bereiche nach Stahlschlüssel [%]	0,14-0,19	0,15-0,4	1,0-1,3	$\leq$0,035	$\leq$0,035	0,8-1,1	-
Werkstoffanalyse [%]	0,182	0,062	1,10	0,020	0,023	1,01	0,17

Die fertigen, durch Drehen, Bohren und Abstechen hergestellten Rohteile weisen im Anlieferungszustand ein ausgeprägtes Zeilengefüge aus Ferrit und Perlit mit gestreckten Mangansulfid-Einschlüssen auf (Bild 42). Sie sind mit ihrer mittleren Härte von etwa 180 HV 5 nicht für eine nachfolgende Umformung geeignet. Deshalb wurden die Rohteile acht Stunden bei 680 - 720 °C - zur Vermeidung einer Randentkohlung - in

Schutzgasatmosphäre weichgeglüht und anschließend im Ofen abgekühlt. Danach lag ein mit etwa 130 HV 5 gut weichgeglühtes Gefüge mit noch leicht zeilig angeordnetem Ferrit und Perlit vor (Bild 43).

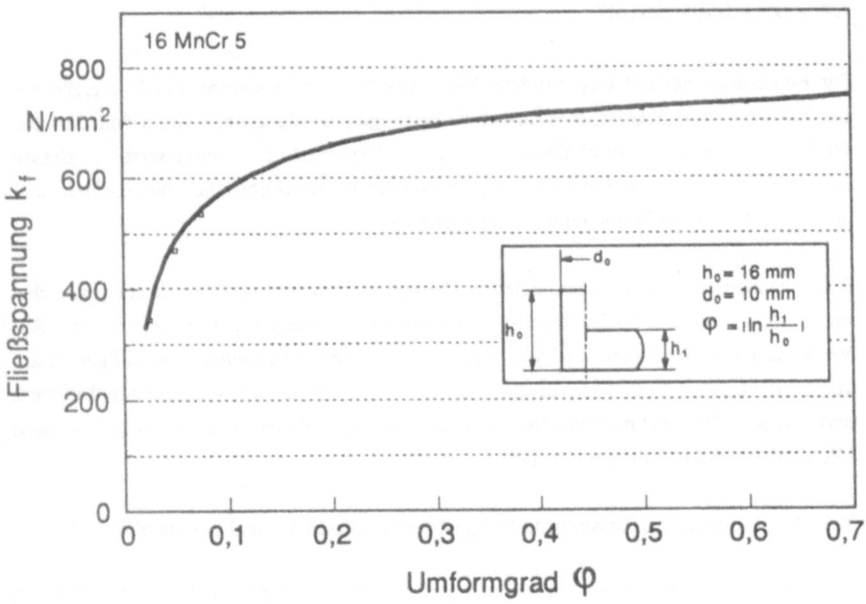

Bild 41: Fließkurve des eingesetzten Versuchswerkstoffs.

Anschließend an die Glühbehandlung wurde eine für das Kaltfließpressen geeignete Schmierstoff-Trennschicht aufgebracht. Dazu wurden die Rohteile zunächst entfettet und nach dem Aufbringen einer etwa 12 µm starken kristallinen und mit dem Grundwerkstoff verbundenen Phosphat-Trägerschicht mit Molykote überzogen. Danach kann auch bei dem in die Zahnlücke einfließenden Werkstoff mit seiner starken Oberflächenvergrößerung im Zahnfußbereich noch eine ausreichende Schmierung bis zum Ende des Preßvorgangs sichergestellt werden.

Bild 42: Gefüge des Versuchswerkstoffs im Anlieferungszustand.

Bild 43: Gefüge des Versuchswerkstoffs im weichgeglühten Zustand.

7.3 Werkzeuge zur Herstellung von schrägverzahnten Stirnrädern durch Querfließpressen

7.3.1 Werkzeugfertigung

Große Bedeutung beim Nachvollziehen von Berechnungsergebnissen durch Praxisversuche kommt der Herstellung der abbildenden Werkzeuge für den Umformvorgang zu. Während die Simulation von einem idealen d.h. fehlerfreien Werkzeug ausgeht, das Belastungen unterworfen wird und sich als Folge davon - hoffentlich ausschließlich - elastisch verformt, unterliegen schon die Werkzeuge zur Herstellung der Umformwerkzeuge gewissen Abweichungen, die sich in jeder Fertigungsstufe fortsetzen und nur im Idealfall gegenläufige Tendenz besitzen, d.h. sich - zumindest teilweise - gegenseitig kompensieren.

Der Umstand der sich aufaddierenden Abweichungen kommt bei dem hier ausgewählten Verfahren verstärkt zum Tragen, da bereits die - zwar hochgenauen - Schleifscheiben zur Herstellung der Erodierelektroden aus Elektrolytkupfer zur Herstellung der Umformwerkzeuge nicht absolut der Sollgeometrie entsprechen. Der Umweg über spanend hergestellte Erodierelektroden mußte gegangen werden, da es aufgrund des relativ kleinen Zahnraddurchmessers bei vertretbarem technischem und finanziellem Aufwand nicht möglich war, die Verzahnung direkt in die Matrize einzuschleifen.

So konnte mittels zunehmender Erfahrung eines sich als geeignet erweisenden Erodierbetriebs die geforderte Oberflächengüte bei gleichzeitig guter Qualität der Matrizenverzahnung erreicht werden. Trotz der feinen Oberfläche der erodierten Kontur wurde ein Poliervorgang angeschlossen, um die Oberflächenspitzen zu brechen und so günstigere Reibungsverhältnisse beim Pressen und Ausstoßen des Zahnrades zu erhalten.

Mit der Verwendung einer bandgewickelten Armierung, die aus einer Vielzahl von auf einen gehärteten Stützkern aufgewickelten Lagen eines hochfesten Spezialstahls besteht, kann mit dem für diesen Anwendungsfall empfohlenen hohen relativen Haftmaß von 10°/₀₀ eine höhere Vorspannung im Matrizeneinsatz erzeugt werden, als dies mit herkömmlichen Armierungsringen möglich ist. Dadurch kann entweder - wie hier geschehen - der zulässige Innendruck bei gleichem Armierungsaußendurchmesser um 50-70% gesteigert oder bei beschränktem Einbauraum bei gleichem Innendruck der Außendurchmesser um 30-50% verkleinert werden (Bild 44).

In einem letzten Schritt vor dem Einbau in das Gesamtwerkzeug wird an der unteren Stirnfläche ein Druckring eingeschrumpft und ein in seiner Höhe abgestimmter Stützring eingelegt. Der Aufbau des nun kompletten Matrizenverbandes ist in Bild 45 dargestellt.

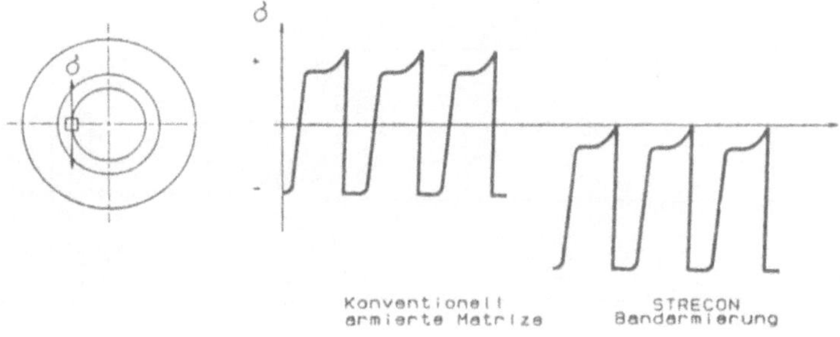

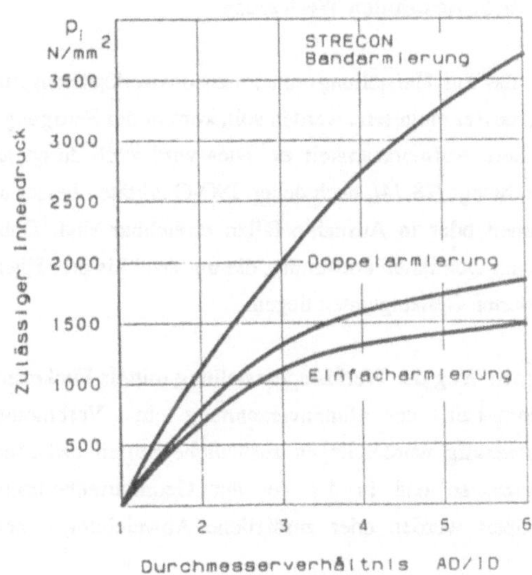

Bild 44: Reduzierung des Zugspannungsanteils und zulässige Innendrücke für zylindrische Matrizeneinsätze bei Verwendung bandgewickelter Armierungen /119,120/.

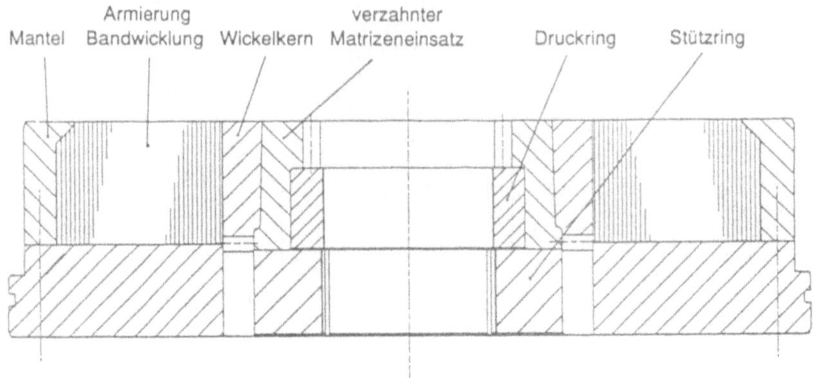

Bild 45: Armierter Matrizenverband zum Querfließpressen schrägverzahnter Stirnräder.

7.3.2 Qualität der schrägverzahnten Werkzeuge

Bei einem Verfahren, das zur Herstellung von Präzisionswerkstücken mit Qualitäten der Toleranzklasse 10 und besser eingesetzt werden soll, kommt der Fertigung der abbildenden Preßwerkzeuge besondere Aufmerksamkeit zu. Dies wird auch durch an anderer Stelle gemachte Erfahrungen belegt /28,74/, nach denen ISO-Qualitäten besser als Klasse 10 nur durch Sondermaßnahmen oder in Ausnahmefällen erreichbar sind. Dabei sind bei den eingesetzten Werkzeugen Qualitäten notwendig, die um zwei bis drei Klassen über den für die Werkstücke geforderten Genauigkeiten liegen.

Mit dem eingeschlagenen Weg der Werkzeugherstellung mittels Funkenerosion, der durch den kleinen Durchmesser der Innenverzahnung in Verbindung mit ihrem Schrägungswinkel notwendig wurde, liegen zusätzliche Stufen zwischen Schleifscheibe und verzahnter Matrize, so daß in der bei der Geometrieübertragung vorhandene Abweichungen vergrößert werden oder zusätzliche Abweichungen neu hinzukommen können.

Die durch Schleifen hergestellten Erodierelektroden liegen mit ihren Verzahnungsqualitäten durchweg in den Klassen 4 bis 6 und bieten somit eine gute Grundlage zur Herstellung ebenfalls qualitativ hochwertiger Matrizen. Diese werden in erodiertem und poliertem Zustand vermessen, da sich in vorausgegangenen Untersuchungen /73/ gezeigt hat, daß beim Polieren mit dem hier ebenfalls angewandten Verfahren kaum Auswirkungen auf die Verzahnungsqualität zu erwarten sind, in einigen

Fällen sogar leichte Verbesserungen durch das Abtragen der Oberflächenspitzen erzielt wurden.

Die in Bild 46 nicht enthaltene Rundlaufabweichung, die in der Qualitätsklasse 8 liegt, ist auf eine gegenüber dem als Referenz dienenden Außendurchmesser der Armierung leicht außermittig eingebrachte Matrizenverzahnung zurückzuführen und hier von untergeordneter Bedeutung. Während die Teilungsabweichungen und der Teilungssprung gegenüber der Elektrode nur unwesentlich größer sind, wirken sich diese deutlich auf die Teilungsgesamtabweichung aus, die mehr als zwei Klassen schlechter als die der Elektrode ist. Auf die Teilungsabweichungen wirken sich von Zahn zu Zahn verschiedene Profilabweichungen aus. Auch das Spannen der Elektrode beim Erodieren und Polieren sowie Taumelfehler, die auf das Ausrichten der Matrize beim Messen zurückzuführen sind, haben einen direkten Einfluß auf die Teilungsabweichungen.

Obwohl die Parameter beim Erodierprozeß auf minimalen Abbrand an der Elektrode und somit neben der feinen Oberfläche auf eine möglichst hohe Formtreue der Geometrie abgestimmt sind, wirkt sich die lange Erodierzeit mit zunehmender Erodiertiefe sowohl auf das Profil als auch auf die Flankenlinie und hier besonders auf den Linienwinkel der linken Flanke aus. Während an dieser Flanke durchweg negative Werte, d.h. eine Verkleinerung des Schrägungswinkels auftritt, liegen auf der rechten Flanke kleinere aber durchweg positive Abweichungen vor. Das heißt, daß die Breite des Matrizenzahnes in Vorschubrichtung der Elektrode beim Erodieren leicht aber stetig zunimmt.

Insgesamt läßt sich durch den zwischengeschalteten Erodier- und Poliervorgang eine deutliche Auswirkung auf die Linienabweichung besonders der linken Matrizenflanken feststellen. Hier liegen die Abweichungen in der Qualitätsklasse 9; alle anderen gemessenen Größen sind besser als Qualität 8 und entsprechen so den bei Werkzeugen ohne Korrektur erzielten Matrizenqualitäten.

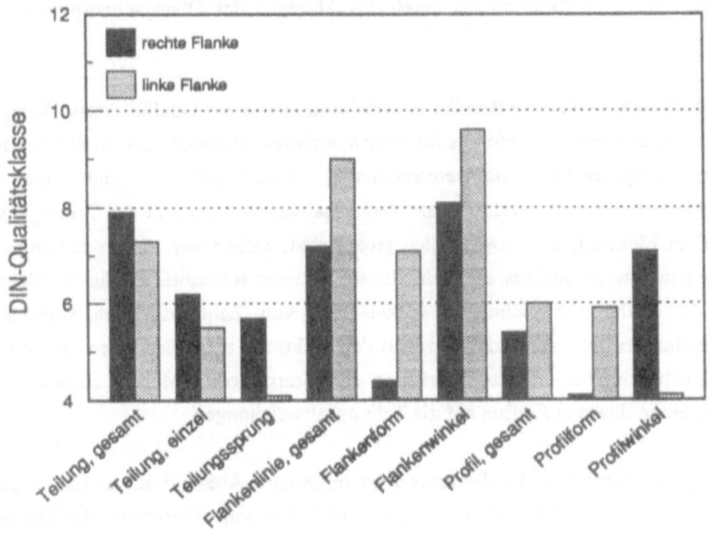

Bild 46: Verzahnungsqualitäten der Matrizenverzahnung im polierten Zustand.

7.4 Querfließpressen mit korrigierter Verzahnungsgeometrie

Nach dem Vermessen der Preßmatrize konnte deren Einbau in das Gesamtwerkzeug erfolgen, und mit den Preßversuchen mit korrigierter Verzahnung begonnen werden. Die dafür benötigten Rohteile aus 16 Mn Cr 5 wurden in ihrem Außendurchmesser in gleichem Maße wie Kopf- und Fußkreis der neuen Verzahnungsgeometrie reduziert. Das relativ geringe Einlegespiel zwischen Rohteilaußendurchmesser und Kopfkreisdurchmesser der Matrizenverzahnung soll dabei gewährleisten, daß der Werkstoff nicht bereits leicht verfestigt auf die formgebende Matrizenverzahnung trifft und das Ausfüllen der Kontur zusätzlich erschwert.

Ein kompletter Zyklus der sich anschließenden Preßversuche setzt sich aus folgenden Schritten zusammen: Rohteil in das geöffnete Werkzeug einlegen, Werkzeug schließen, umformen, Werkzeug öffnen, Zahnrad durch axiales Verfahren des Gegenstempels aus der Matrize auswerfen sowie Kraft-Zeit und Weg-Zeit-Kurven abspeichern. Dabei erfolgt eine schrittweise Steigerung der Preßkraft über Zustellen des stets auf Anschlag fahrenden oberen Pressentisches bis zum Erreichen des Kraftmaximums der Presse. Die so aufgebrachte Gesamtpreßkraft von 5,8 MN läßt sich in zwei Anteile von etwa 1 MN zum

Geschlossenhalten der Werkzeughälften und 4,8 MN für die Umformung selbst aufteilen. So wird eine angemessene Formfüllung erreicht, die sich auch bei starker Erhöhung der Preßkraft nur unwesentlich verbessern läßt.

7.4.1 Vergleich der Verzahnungsabweichungen mit und ohne Korrektur

Die Verzahnungsmessungen für Zahnräder mit korrigierter Geometrie werden auf zwei verschiedene Arten durchgeführt. Einerseits werden die korrigierten Verzahnungsdaten, d.h. diejenigen, nach der sowohl Elektrode als auch Matrize gefertigt sind, dem Meßprogramm als Sollgeometrie vorgegeben. Dabei werden Abweichungen ermittelt, die denen einer mit "normaler Geometrie" bezeichneten - nicht korrigierten Verzahnung -, die anschließend zum Vergleich herangezogen wird, im wesentlichen entsprechen. Andererseits werden den korrigierten Zahnrädern - so wie es vorgesehen ist - die Verzahnungsdaten der herkömmlichen Geometrie im Meßprogramm als Sollgeometrie zugrundegelegt. Dabei ergeben sich deutlich veränderte Werte für einige Abweichungen, und die Auswirkungen der Korrektur werden sichtbar.

In Bild 47 sind die Verläufe von Profil- und Flankenlinien der normalen und der korrigierten Geometrie einander gegenübergestellt. Während der normale Zahn auf beiden Seiten im Fußbereich zu dünn und im Kopfbereich zu dick ist, liegt nach der Korrektur ein im Fußkreis etwas zu dicker und zum Zahnkopf hin gegenüber der Sollgeometrie zu spitzer Zahn vor. Dies ist jedoch bereits vor der Werkzeugfertigung aufgrund des schräger gestellten Profils erwartet worden. Der zu spitze Zahn schlägt sich in hohen negativen Abweichungen des Profilwinkels beider Seiten nieder, wie sie in Tabelle 3 zusammengefaßt wiedergegeben sind. Deutlich besser als bisher gleicht die unter Last entstehende Profilform der Sollgeometrie, was sich in einer Verbesserung von Qualitätsklasse 10 auf 9 niederschlägt. Insgesamt verschlechtert sich jedoch die Profilgesamtabweichung aufgrund der hohen Winkelabweichungen von QK 9,5 bzw. 11 für beide Seiten auf 12.

Besser wirkt sich die Korrektur auf die Abweichungen der Flankenlinie aus. Die auf beiden Seiten bisher großen negativen Werte der Flankenlinienwinkelabweichung konnten durch Vergrößerung des Schrägungswinkels um einen mittleren Wert aus berechneten und gemessenen Abweichungen um etwa 80 μm verringert werden. Dadurch ergibt sich zwar auf der linken Flanke trotz Halbierung der Abweichungen keine Verbesserung der Qualitätsklasse, auf der rechten Flanke konnte aber die Qualitätsklasse 8 erreicht werden. Zu bedenken ist hierbei jedoch, daß auch bei völligem Ausgleich der Werte zwischen

Rechts- und Linksflanke aufgrund des von oben nach unten schmaler werdenden Zahnes bestenfalls QK 11 für beide Seiten zu erreichen ist. Die deutlich verringerte Linienwinkelabweichung wirkt sich ebenfalls positiv auf die Gesamtabweichung aus, die jetzt rechts in der QK 8 und links in der QK 10 liegt.

Die von der Korrektur nicht direkt betroffenen fertigungsbedingten Teilungsabweichungen zeigen vor und nach der Korrektur keine wesentlichen Unterschiede. Einzig der bei der normalen Matrize gleichmäßige Teilungssprung ist bei der korrigierten Matrize auf der Rechtsflanke stärker, auf der Linksflanke schwächer ausgeprägt.

Bei der normalen Geometrie ohne Korrektur liegt das Zwei-Kugel-Maß entsprechend der gemessenen und mittleren berechneten radialen Aufweitung der Matrize um etwa 0,5 mm über dem Sollmaß für die - gefräste - Vorverzahnung. Nach der Durchmesserverringerung von Kopf- und Fußkreis um 0,52 mm liegt das Zwei-Kugel-Maß mit etwa 68,33 mm noch immer um gut 0,15 mm über dem Sollmaß von 68,16 $\mp$ 0,04 mm. In dieses Maß geht jedoch die zum Zahnkopf hin dünnere Verzahnung mit ein, weshalb das hiervon unbeeinflußte Maß des Kopfkreisdurchmessers mit 67,01 mm trotz Korrektur eine noch stärkere Abweichung um 0,25 mm vom Sollmaß aufweist. Da bei den Preßversuchen vor und nach der Korrektur sowohl gleiche Werkstoffe aus derselben Charge für Matrize und Rohteile als auch gleiche Armierungen und gleiche maximale Preßkräfte vorlagen, sind diese trotz Korrektur auftretenden Abweichungen auf ein durch die Modifikation der Verzahnungsgeometrie verändertes Gesamtverhalten des Preßverbandes in seiner radialen elastischen Aufweitung zurückzuführen. Besonders hierbei wird deutlich, daß sich auch auf nur in geringem Maße im Durchmesser und im Schrägungswinkel veränderte Geometrien solcher Komplexität berechnete elastische Werkzeugdeformationen nur bedingt übertragen lassen. Somit erscheint der Aufwand für einen zwischengeschalteten Kontrollrechengang zur Überprüfung des elastischen Verhaltens der neuen Geometrie gerechtfertigt. Gegebenenfalls wird dabei eine Nachkorrektur der Verzahnungsgeometrie vor der Werkzeugfertigung notwendig.

Insgesamt läßt sich sagen, daß bei dem eingesetzten Matrizenherstellungsverfahren mit einer sich von oben nach unten verändernden Zahnbreite sowie der nicht völlig ausgleichbaren s-förmigen Zahndurchbiegung unter Last, die sich in der Flankenlinienwinkelabweichung niederschlägt, mit einer wie in dieser Untersuchung gleichmäßig über der Höhe veränderten Evolvente und einem neuen Schrägungswinkel ein weicher Zahn mit beidseitig gleichem Aufmaß für die Feinbearbeitung nicht herstellbar ist. Dazu ist eine wesentlich aufwendigere punktweise Korrektur der Geometrie notwendig, die sich dann nicht mehr durch Senkerodieren herstellen läßt.

Tabelle 3: Verzahnungsabweichungen vor und nach der Korrektur der Geometrie.

		Verzahnungsabweichungen			
		vor		nach	
		der Korrektur			
		[µm]	[QK]	[µm]	[QK]
Teilung, gesamt	rechts	63	9,0	103	9,9
	links	73	9,2	87	9,5
Teilung, einzel	rechts	12	7,5	16	8,5
	links	17	8,6	13	7,9
max. Teilungssprung	rechts	15	7,5	28	9,2
	links	17	7,8	9	6,2
Liniengesamtabweichung	rechts	43	9,9	24	8,6
	links	126	12,0	59	10,6
Linienformabweichung	rechts	6	6,5	12	8,7
	links	9	8,2	11	8,4
Linienwinkelabweichung	rechts	-57	11,0	16	8,0
	links	-158	12,0	-80	12,0
Profilgesamtabweichung	rechts	55	11,0	131	12,0
	links	28	9,5	174	12,0
Profilformabweichung	rechts	28	10,0	16	9,0
	links	27	10,0	21	9,4
Profilwinkelabweichung	rechts	66	12,0	-134	12,0
	links	29	10,5	-179	12,0

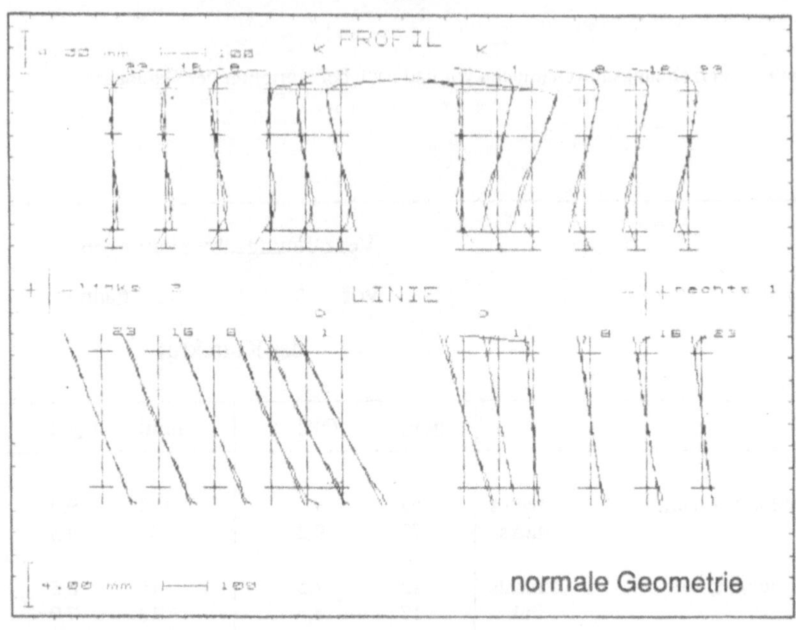

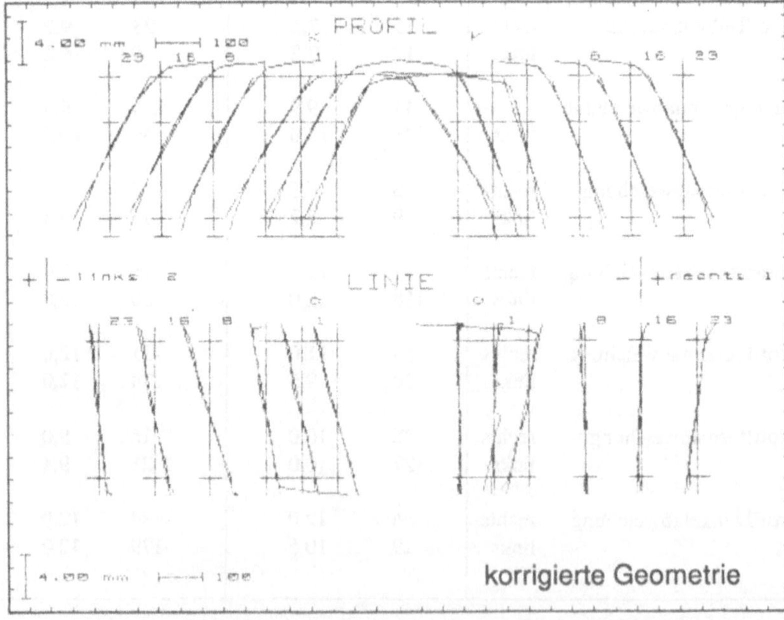

Bild 47: Profil- und Flankenlinienverläufe an Zahnrädern mit normaler und korrigierter Geometrie.

7.4.2 Einfluß des Auswerfvorgangs auf die Verzahnungsqualität

Ausgelöst durch den großen Unterschied zwischen berechneten und gemessenen Werten in den Linienwinkelabweichungen der linken Flanken wurden zunächst die angenommenen Randbedingungen der Simulation und deren Ablauf diesbezüglich einer eingehenden Prüfung unterzogen und - als für diese Differenzen hierbei kein Grund gefunden werden konnte - darauf geschlossen, daß deren Ursprung nur bei dem in die Simulation nicht mit einbezogenen Auswerfen des gepreßten Zahnrades aus der Matrize liegen kann.

Zum Nachweis dessen wird den auf herkömmliche Weise durch axiales Verfahren des Gegenstempels ausgeworfenen Zahnrädern ein auf besondere Weise entformtes Zahnrad in seinen Verzahnungsabweichungen gegenübergestellt. Dieses Zahnrad wurde nach beendetem Preßvorgang in der Matrize belassen, und der Preßverband aus Zahnrad, Matrizeneinsatz und bandgewickelter Armierung aus dem Gesamtwerkzeug ausgebaut. Nachdem durch Auspressen des Matrizeneinsatzes aus der Armierung die Vorspannung aufgehoben war, ließ sich das zuvor im Werkzeug festsitzende Zahnrad leicht aus der Matrize entfernen.

Beim Vergleich der Ergebnisse der anschließenden Verzahnungsmessungen zeigt sich, daß zwei Verzahnungskenngrößen offensichtlich stark vom Auswerfvorgang beeinflußt werden. Außer der Flankenlinienwinkelabweichung verändert sich auch die Linienformabweichung, wie in Tabelle 4 aufgezeigt wird. Die anderen Größen stimmen im wesentlichen überein, d.h. hier liegt kein Einfluß durch das Auswerfen vor.

Tabelle 4: Durch den Auswerfvorgang beeinflußte Verzahnungsabweichungen.

	speziell entformt		normal ausgestoßen	
	µm	QK	µm	QK
Linienformabweichung				
rechts	11	8,4	12	8,7
links	41	12,0	11	8,4
Linienwinkelabweichung				
rechts	4	4,3	16	8,0
links	-49	10,7	-80	12,0

Bei beiden Werten zeigt sich, daß in erster Linie die während des Auswerfens unter dem Einfluß des Schrägungswinkels mit größeren Kraftkomponenten beaufschlagten, aneinander abgleitenden linken Flanken eine Veränderung aufweisen.

So tritt zum einen zwischen dem speziell entformten und dem normal ausgestoßenen Zahnrad eine deutliche Vergrößerung der Linienwinkelabweichung auf der linken Flanke um 30 µm und auf der rechten um immerhin noch 12 µm auf, was die eingangs geäußerte Vermutung eindeutig beweist und somit nachträglich die Berechnungsergebnisse bestätigt. Andererseits wirkt sich das Ausstoßen auf die Flankenform wie ein Kalibriervorgang aus, der die bereits gute rechte Flanke nahezu nicht berührt, die Form der linken Flanke jedoch von QK 12 auf QK 8 verbessert. So kommt es hier zu einem durch den Auswerfvorgang bedingten Ausgleich der Abweichungen auf beiden Flanken.

7.5 Vergleich der Versuchs- und Simulationsergebnisse

Erst durch die Gegenüberstellung von experimentell ermittelten und berechneten Ergebnissen läßt sich die Qualität bzw. Genauigkeit der letztgenannten beurteilen. Nur sind mit steigender Komplexität des Prozesses vergleichbare Versuchsergebnisse zunehmend schwerer oder gar nicht mehr bereitstellbar. Dies gilt insbesondere auch in dem hier untersuchten Fall.

Bei der 3D-FEM-Simulation, die den axialen und radialen Werkstofffluß erfaßt, zeigt sich eine gute Übereinstimmung der berechneten Preßkräfte mit den experimentellen Werten (s. Abschn. 5.1.1.2). Ein Vergleich mit den berechneten Preßkräften aus der 2D-Simulation mit rein radialem Stofffluß ist nicht möglich, weil es sich dabei um einen real nicht darstellbaren Modellprozeß handelt.

Bewährte Methoden zur Ermittlung des Stoffflusses wie die der Visioplasticity können hier aufgrund des instationären Vorgangs keine Anwendung finden, doch lassen sich mit dem in früheren Untersuchungen aufgezeigten Zusammenhang zwischen der Werkstoffverfestigung und der Vergleichsformänderung ε_V /121/ über die Verteilung der Vickershärte in einem Querschnitt quantitative Aussagen über den Stofffluß machen, die anschließend mit den berechneten Vergleichsformänderungsverteilungen verglichen werden können.

Dazu muß der genannte Zusammenhang für den jeweiligen Werkstoff ermittelt werden. Dies geschieht bei einem Vorgang mit homogenem Stofffluß, da ausschließlich für diesen der geometrische Umformgrad $\varphi_n = \ln (h_1 / h_0) = \varphi_v$ der örtlichen Vergleichsformänderung ε_v entspricht. Deshalb wurden an anderer Stelle /73/ für den Werkstoff 16 Mn Cr 5 Stauchproben im Rastegaev- Stauchversuch, für den die obige Annahme zutrifft, fein gestuft mit Umformgraden zwischen $\varphi_v = 0,1$ und 1,6 umgeformt, und die jeweilige Härte des verfestigten Werkstoffs in einem Längsschnitt durch die Probenmitte aufgenommen. Der so ermittelte Zusammenhang zwischen der Vickershärte HV5 und der Vergleichsformänderung ε_v ist im Anhang wiedergegeben. Dabei ist der Mittelwert von einem Vertrauensbereich umgeben, mit dem eine statistische Sicherheit von 95% erreicht wird.

In der gleichen Art wird an gepreßten Zahnrädern die Härteverteilung an polierten Oberflächen im Stirnschnitt aufgenommen. Die verwendete kleine Prüfkraft von 49,03 N bei HV5 erlaubt es, die Meßpunkte aufgrund des kleinen Eindrucks eng gerastert aneinander zu setzen. Um Randeinflüsse auszuschließen, ist jedoch ein Randabstand von etwa 0,8 mm einzuhalten. Zwar können dadurch die gerade in oberflächennahen Bereichen liegenden Maximalwerte nicht erfaßt werden - dies ist durch Mikrohärtemessungen möglich, die den zu betreibenden Aufwand nochmals deutlich erhöhen würden - doch wird der überwiegende Teil der Schnittfläche erfaßt und kann so mit den berechneten Formänderungsverteilungen verglichen werden.

In Bild 48 sind für einen Stirnschnitt durch die Zahnradmitte die von Härtewerten übertragenen Linien gleicher Vergleichsformänderungen dargestellt. Diese beginnen und enden aufgrund des einzuhaltenden Randabstands nicht direkt an den Werkstückkanten. Die gemessenen Maximalwerte von 250 HV5 ergeben demnach maximale Vergleichsformänderungen von etwa $\varepsilon_v = 0,65$. Diese liegen im oberen Drittel des Zahnes und reichen links entlang der Evolvente bis in den Zahnfuß hinein. Im Zahnkopf ist wieder ein leichter Abfall auf Werte von $\varepsilon_v < 0,65$ zu verzeichnen. Im Bereich zwischen den beiden Zahnfußrundungen liegen die Werte zwischen 0,3 und 0,45, fallen zum Zentrum hin ab und liegen zwischen 0,2 und etwas mehr als 0,3.

Der Vergleich mit den in Bild 34 dargestellten Verläufen aus der 2D - und 3D-FEM Simulation zeigt, daß in beiden Fällen dort zum Teil deutlich höhere Werte der Vergleichsformänderung unterhalb des Zahnfußes und zwischen den beiden Zahnfußrundungen vorliegen. Beim 3D- Modell ist übereinstimmend mit den gemessenen Verläufen auf der linken Seite des Zahnes ein sich in größeren Bereichen hoher Formänderung auswirkender Einfluß des Schrägungswinkels der Verzahnung erkennbar, der beim 2D- Modell, das nur für einen halben Zahn berechnet wurde, gar nicht auftreten kann. Weiterhin ist beim 3D- Modell ein Abfallen der Werte zum Zahnkopf hin übereinstimmend mit den Meßergebnissen zu verzeichnen.

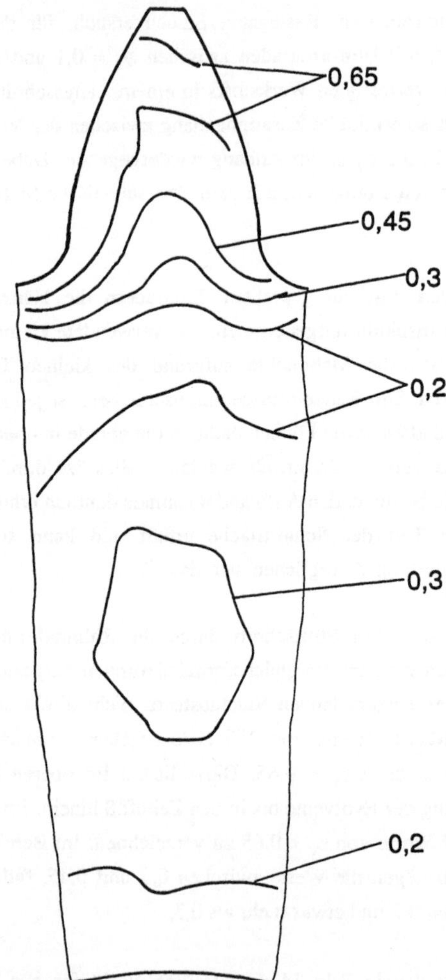

Bild 48: Stirnschnitt des ZR 30 mit Linien gleicher Vergleichsformänderungen ε_v, aus der Härteverteilung abgeleitet.

Das 2D- Modell kommt mit den schmalen Bereichen hoher Formänderungen entlang der Evolvente und großen Gradienten im Zahnfußbereich in geringem Abstand vom Rand eher an die gemessenen Werte heran, jedoch liegt eine zu starke Verfestigung des Werkstoffes im Zahnkopf vor, und der weiche Bereich mit Werten von $\varepsilon_v < 0,4$ ragt deutlich weiter in den Zahn hinein. Der Zahnradkörper mit Werten größtenteils $\varepsilon_v < 0,4$ stimmt ebenfalls gut mit den gemessenen Werten überein.

Zusammenfassend kann gesagt werden, daß Einflüsse spezieller Geometrien, wie hier die Schrägstellung der Zähne und der komplexe Stofffluß, sich nur über eine aufwendige 3D-Simulation bestimmen lassen, gute Ergebnisse aber auch über die Betrachtung eines geeigneten Modellprozesses in 2D erhalten werden können. Dies bezieht sich insbesondere darauf, daß im 2D-Fall durch die relativ gesehen größere Knotenanzahl bis zu einem gewissen Punkt hin einen höhere Genauigkeit der Simulationsrechnung erreicht werden kann. Außerdem dürften die ablaufenden Remeshingprozeduren, die sich ebenfalls auf die Ergebnisgüte auswirken können, im 2D- Bereich nach mehreren Jahren stetiger Weiterentwicklung gegenüber dem noch jungen 3D- Programm wesentlich ausgereifter sein.

8 Stirnflächen

Da bei dem untersuchten Stirnrad ZR30 die Funktion bei richtiger Ausbildung der äußeren Schrägverzahnung und der hier nicht betrachteten Steckverzahnung in der Mittelbohrung geometrisch gesichert ist, hat der Konstrukteur bei der Gestaltung der Stirnflächen mit Ausnahme des zwingend notwendigen Absatzes auf der einen Seite freie Hand. Daß dies bisher nicht zur Gewichtsreduzierung genutzt wird, liegt an der derzeitigen spanenden Herstellweise des Zahnrades und des Rohteils. Da hierbei mit jedem zusätzlichen Werkstoffabtrag auch zusätzliche Kosten verbunden sind, und außerdem auch keine Materialersparnis eintritt, da der Werkstoffeinsatz pro Zahnrad gleich bleibt, werden die Stirnflächen so einfach und in ihrer Herstellung so kostengünstig wie möglich, d.h. eben ausgebildet. Nur wenn die Funktion oder das Gewicht es zwingend erfordern, werden diese zusätzlichen Kosten in Kauf genommen. Und gerade hier bietet eine umformtechnische Herstellung wesentliche Vorteile, da der einerseits etwas teureren Fertigung der profilierten Preßstempel andererseits eine deutliche Werkstoffersparnis bei gleicher Fertigungszeit gegenübersteht.

Aus diesem Grund muß auch die Gestaltung der Stirnflächen bei einer möglichen Umstellung von der spanenden auf die umformtechnische Herstellung in die Untersuchungen mit einbezogen werden. Die Auswahl möglicher Stirnflächengeometrien erfolgt dabei nach den im folgenden dargestellten Überlegungen, wobei die umformtechnische Eignung und eine möglichst große Materialeinsparung im Vordergrund stehen.

8.1 Simulation im Axialschnitt mit DEFORM

Ebenso wie bei der Untersuchung des Querfließpreßvorgangs im Stirnschnitt durch die Zahnradmittelebene mit einem Modellprozeß gilt es hier, geeignete Vereinfachungen zu treffen, die es ermöglichen, zumindest einen Großteil des Werkstoffflusses ähnlich dem wirklichen Vorgang nachzubilden. Dazu wird die Verzahnung vereinfacht als Hohlzylinder mit äquivalentem Volumen ausgebildet, was sicherstellt, daß das gleiche Werkstoffvolumen wie zuvor verdrängt wird. Somit ist die Betrachtung des nun rotationssymmetrischen Vorgangs in einer Ebene möglich. Das gleiche Prinzip wurde bereits mit Erfolg bei der zweidimensionalen Simulation des Schmiedens von Kegelrädern angewandt /84/. Dort zeigte sich nach mehreren Probesimulationen, daß ein gemittelter

Kegelstumpf (zur Erzielung des gleichen Volumens wie ein Kegelrad) aus den umgebenden Zahnstümpfen des Zahnkopfes und des Zahnfußes gute Ergebnisse liefert /112/.

Mit dem nun vorliegenden Simulationsmodell, das vom Prinzip her dem Querfließpressen eines Flansches gleicht, wird zunächst der Vorgang mit ebenen Stempeln (der kleine Absatz am oberen Preßstempel falle hier noch unter den Begriff eben!) und der bisherigen Rohteilgeometrie simuliert. Mit profilierten Preßstempeln wird anschließend eine Variation der Rohteilgeometrie durchgeführt. Die endgültige Ausbildung der Deckflächen hat sich erst nach einer Reihe von Versuchsrechnungen mit den in Bild 49 dargestellten Stirnflächengeometrien ergeben. Die Wahl fiel dabei auf Variante d), die bezüglich Stofffluß und Materialersparnis das beste Ergebnis liefert.

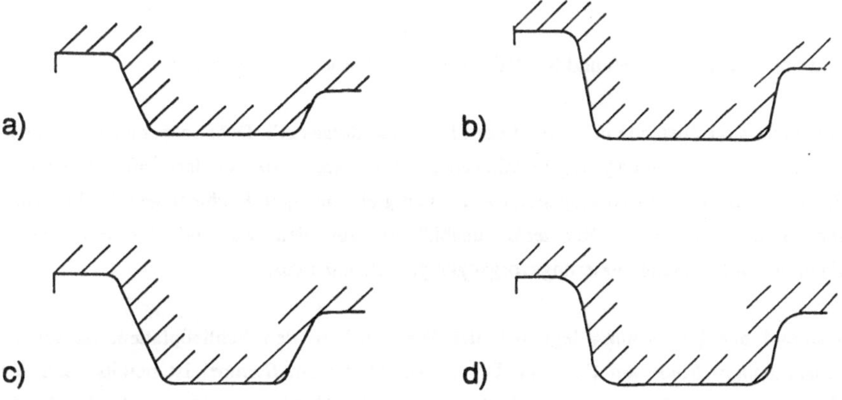

Bild 49: Untersuchte Stirnflächengeometrien bei der Simulation im Axialschnitt.

Bei der Simulation im Axialschnitt kommt wie schon beim Stirnschnitt das Programm DEFORM zum Einsatz. Deshalb gelten hier ebenfalls alle in Abschnitt 5.1.1 festgelegten Parameter bezüglich Reibung, Werkstoff und dessen Fließverhalten.

8.1.1 Ebene Stirnflächen

Das Modell für die Simulation im Axialschnitt besteht, wie in Bild 50 dargestellt, aus der Matrize mit beidseitig angeordneten Schließplatten, Stempel und Gegenstempel, die sich mit gleicher Geschwindigkeit aufeinander zubewegen, dem Dorn in der Mittelbohrung sowie dem Rohteil. Zwischen Rohteilbohrung und Dorn sowie zwischen

Rohteilaußendurchmesser und Schließplatten ist wie im Versuch nur ein geringes Einlegespiel vorgesehen. Die Radien an den Schließplatten wurden entsprechend der 3D-Simulation zu R = 0,2 mm gewählt.

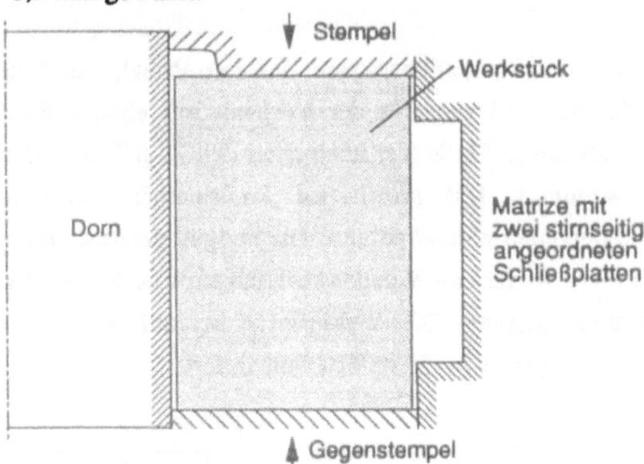

Bild 50: Werkzeugmodell und Rohteil für die Simulation im Axialschnitt.

In Bild 51 sind Zustände im Verlauf der Simulation dargestellt. Dabei handelt es sich nicht um die der Berechnung zugrundeliegenden Werkstücknetze sondern um sogenannte Fließnetze, bei denen sich ausgehend von einem gleichmäßigen Rechtecknetz der Stofffluß anhand der verformten Rechtecke unabhängig von den während der Berechnung ablaufenden Netzneugenerierungsvorgängen gut erkennen läßt.

Während der Umformung legt sich der Werkstoff an den Schließplatten, danach in zunehmendem Maße am Dorn an. Der kleine Absatz am Stempel ist bereits nach der Hälfte des Stempelweges ausgefüllt. Im Bereich der Matrize baucht sich der Werkstoff aufgrund des Widerstandes an den Schließplattenradien stark aus und kommt auf halber Matrizenhöhe zum Anliegen. Danach gleiten nachfolgende Werkstoffschichten an diesem festliegenden Bereich ab und es gelingt, die beiden Eckenbereiche bei stark ansteigenden Kraftwerten (Diagramm siehe Abschnitt 8.1.2) nahezu vollständig auszufüllen. Die sich nach Abschluß des Vorgangs einstellende Verteilung der Vergleichsformänderung ist in Bild 52 dargestellt.

Hierin spiegeln sich für die in Bild 51 stärker verformten Elemente des Fließnetzes die Bereiche höherer Vergleichsformänderungen wider. Diese erstrecken sich von der Mitte der Schnittfläche zu den zuletzt ausgefüllten Eckbereichen hin. Dort liegen sowohl oben als auch unten mit $\varepsilon_v > 0{,}8$ die Bereiche größter Formänderungen, jedoch nicht direkt am Radius der Schließplatten, wo eine starke Umlenkung der Fließrichtung des Werkstoffes stattfindet, sondern kurz dahinter. Dies dürfte auf eine Scherbeanspruchung zwischen dem durch die Stempelzustellung axial bewegten und dem aus der Mitte heraus schräg nach oben und unten in die Ecken fließenden Werkstoff zurückzuführen sein. Ein weiteres Maximum mit Werten von $\varepsilon_v < 0,8$ liegt am Absatz zur Mittelbohrung hin, wo sich der Werkstoff in einem kleinen Bereich um den Radius herum bei stark gestreckten Elementen des Fließnetzes ebenfalls stärker verfestigt. Die insgesamt recht niedrigen Werte sowie der problemlose Simulationsablauf mit nur 4 Remeshing - Vorgängen bei 35 Lastschritten deuten auf einen einfachen Umformvorgang ohne große Werkstoffbeanspruchung hin.

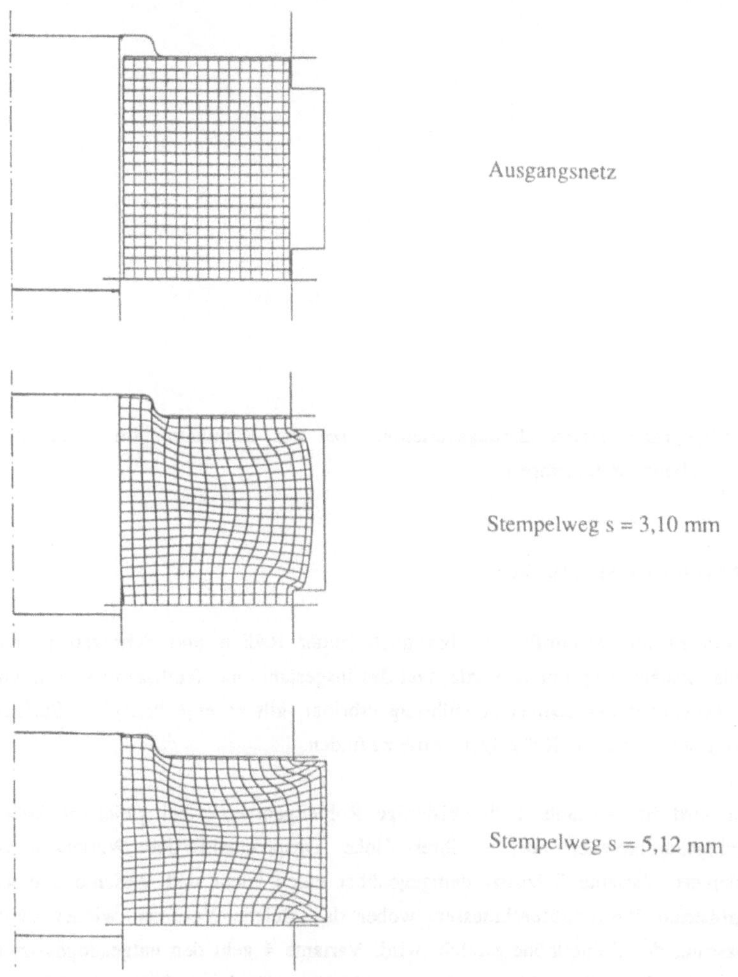

Bild 51: Fließnetzzustände bei der Simulation im Axialschnitt mit ebenen Preßstempeln.

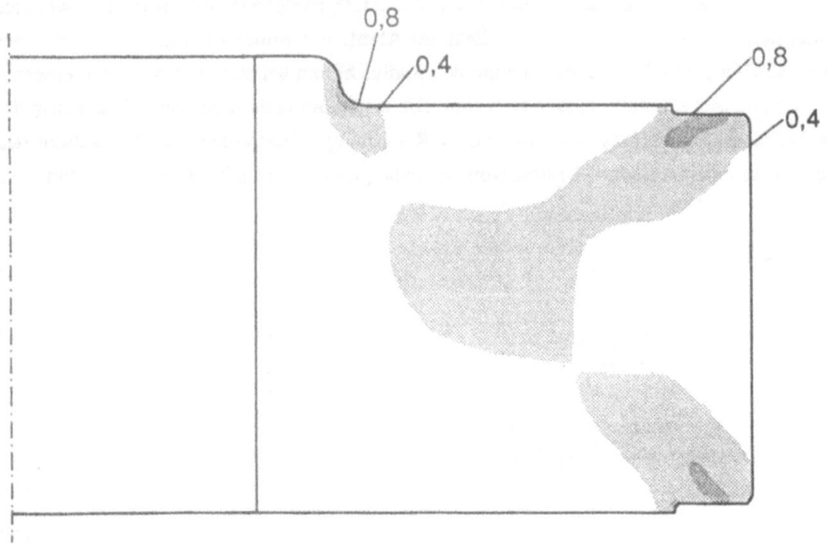

Bild 52: Vergleichsformänderungsverteilung bei der Simulation im Axialschnitt mit ebenen Preßstempeln.

8.1.2 Profilierte Stirnflächen

Für ein Stirnflächenprofil, das bezüglich seiner Radien und Schrägen in mehreren Simulationsläufen optimiert wurde, und das insgesamt eine Werkstoffersparnis von etwa 25% gegenüber der ebenen Ausführung erbringt, gilt es eine bezüglich Stofffluß und Formfüllung geeignete Rohteilgeometrie zu finden.

Dazu wird für Variante 1 die bisherige Rohteilgeometrie bei gleichem Außen- und Bohrungsdurchmesser nur in ihrer Höhe entsprechend der Werkstoffeinsparung verkleinert. Variante 2 besitzt demgegenüber einen leicht und Variante 3 einen stark vergrößerten Bohrungsdurchmesser, wobei das gleiche Volumen wieder durch eine Anpassung der Rohteilhöhe erreicht wird. Variante 4 geht den entgegengesetzten Weg. Hier wird bei möglichst kleinem Bohrungsdurchmesser der Außendurchmesser reduziert und die Höhe angepaßt. In Bild 53 sind die vier Varianten mit ihren Abmessungen zusammengefaßt dargestellt.

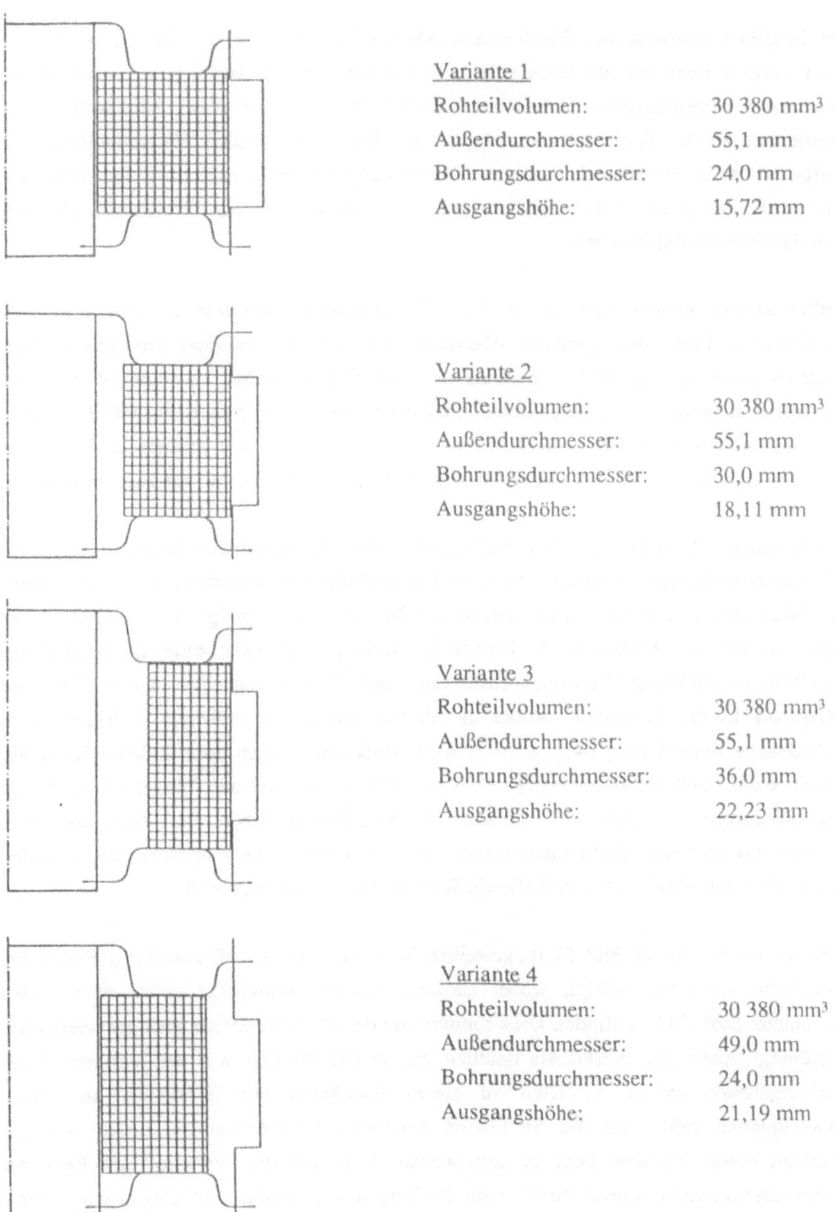

Variante 1

Rohteilvolumen:	30 380 mm³
Außendurchmesser:	55,1 mm
Bohrungsdurchmesser:	24,0 mm
Ausgangshöhe:	15,72 mm

Variante 2

Rohteilvolumen:	30 380 mm³
Außendurchmesser:	55,1 mm
Bohrungsdurchmesser:	30,0 mm
Ausgangshöhe:	18,11 mm

Variante 3

Rohteilvolumen:	30 380 mm³
Außendurchmesser:	55,1 mm
Bohrungsdurchmesser:	36,0 mm
Ausgangshöhe:	22,23 mm

Variante 4

Rohteilvolumen:	30 380 mm³
Außendurchmesser:	49,0 mm
Bohrungsdurchmesser:	24,0 mm
Ausgangshöhe:	21,19 mm

Bild 53: Variation der Rohteilgeometrie beim Querfließpressen mit profilierten Stempeln.

Die in Bild 54 dargestellten Fließnetzzustände für Variante 1 zeigen, daß der Werkstoff nach kurzem Fließweg am Dorn anliegt und somit verstärkt radial nach außen fließt. Während die Freiräume am Dorn schnell ausgefüllt werden, steigt der Werkstoff in den Freiräumen an den Schließplatten aufgrund des fehlenden radialen Widerstandes kaum. Aufgrund der vorherrschenden radialen Fließrichtung kommt es nach etwa der Hälfte des Umformvorgangs an beiden Schließplatten zum Abscheren von Werkstoff, und die Simulation wird abgebrochen.

Völlig anders verhält sich die in Bild 55 dargestellte Variante 2 bezüglich ihres Stoffflusses. Trotz des gleichen Abstandes von der Rohteilwand zur Innen- bzw Außenbegrenzung legt sich der Werkstoff wesentlicher früher an der Matrize an, woraufhin auch die Freiräume an den Schließplatten nahezu vollständig ausgefüllt werden. Erst mit wachsendem Fließwiderstand an der Matrize durch die größere Anlagefläche verstärkt sich der Stofffluß zur Mitte hin, bis auch dort alle Freiräume gut ausgefüllt sind.

Bei Variante 3 liegt zunächst ein stark radial nach außen gerichteter Stofffluß vor (Bild 56). Gleichzeitig werden die Freiräume an den Schließplatten ausgefüllt und erst nachdem der Werkstoff an mehr als einem Drittel der Matrizenwand anliegt und sich auf halber Höhe am inneren Werkstückrand bereits die Bildung einer Falte andeutet, beginnt der Stofffluß in Richtung Werkstückachse. Erst nach dem Anlegen am Dorn fließt der Werkstoff in die Freiräume, wobei im oberen, um 2 mm höheren Freiraum keine vollständige Formfüllung mehr erreicht wird. Außerdem liegen zum äußeren Rand hin Zonen starker Scherbeanspruchung des Werkstoffs vor, die auf das frühzeitige Ausfüllen der Freiräume an den Schließplatten zurückzuführen sind. Bei fortschreitender Umformung entstehen dort eingeschlossene und somit starre Werkstoffbereiche, an denen der in Richtung Matrizenecken fließende Werkstoff entlanggleiten muß.

Der Ablauf bei der in Bild 57 dargestellten Variante 4 zeigt, daß zuerst ein Füllen der Freiräume am Dorn erfolgt, wobei zunächst nur ein schwächer radial nach außen gerichteter Stofffluß stattfindet. Dieser nimmt mit der im Dornbereich geringer werdenden Fließmöglichkeit des Werkstoffs deutlich zu, so daß ähnlich wie bei Variante 1 der vorherrschende radiale Stofffluß zu einem Abscheren von Werkstoff an beiden Schließplatten führt und die Simulation wiederum abgebrochen wird. Ein weiterer Nachteil dieser Variante liegt in dem weiten Weg, den der Werkstoff im Falle der Zahnradfertigung bis zum Auftreffen auf die Verzahnungskontur zurücklegen muß. Durch den an diesem Punkt bereits leicht verfestigten Werkstoff wird das Ausfüllen der Kontur zusätzlich - unnötig - erschwert.

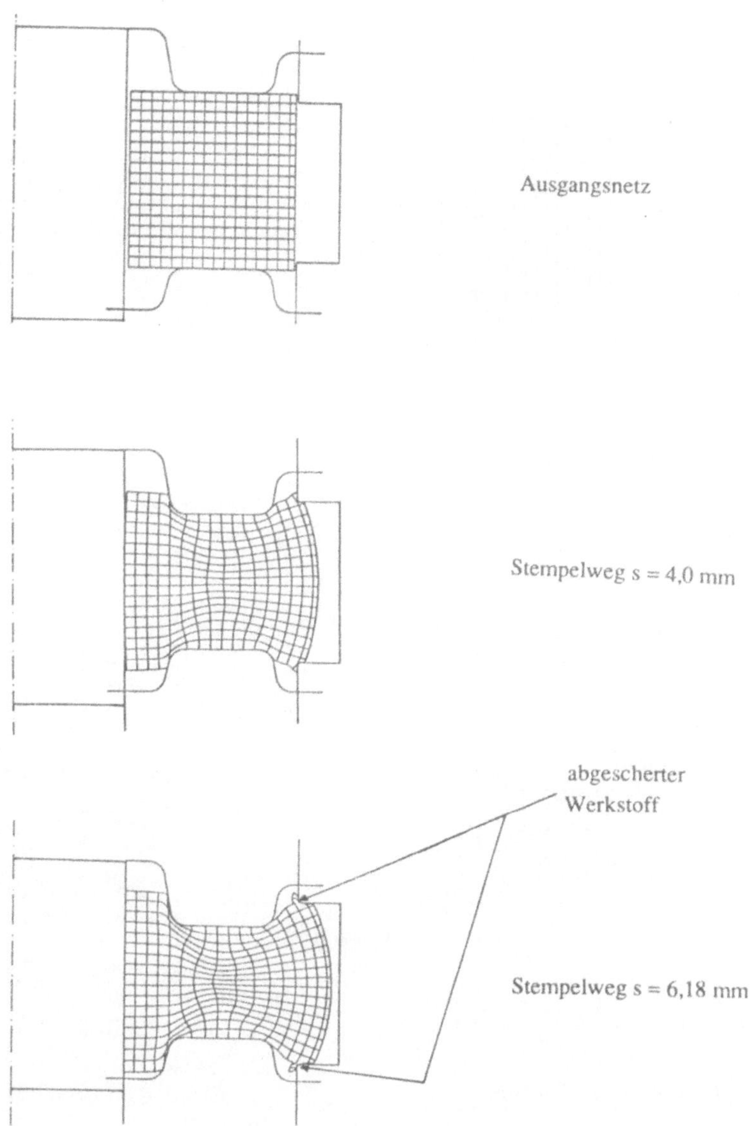

Bild 54: Fließnetzzustände bei der Rohteilgeometrie nach Variante 1.

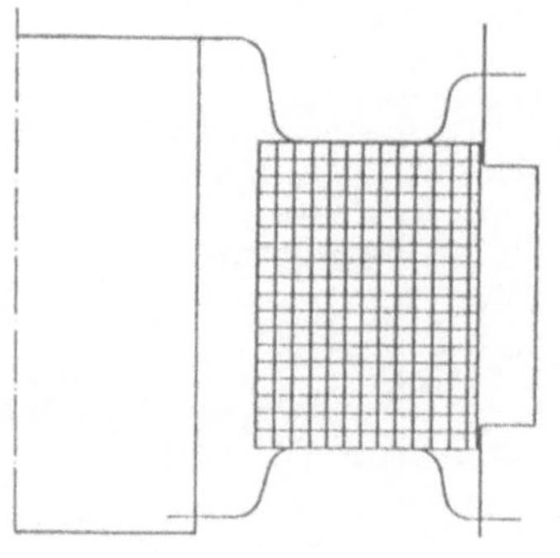

Ausgangsnetz

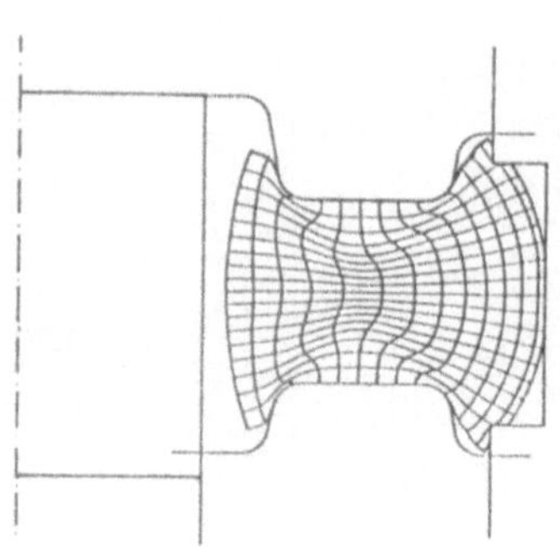

Stempelweg s = 7,36 mm

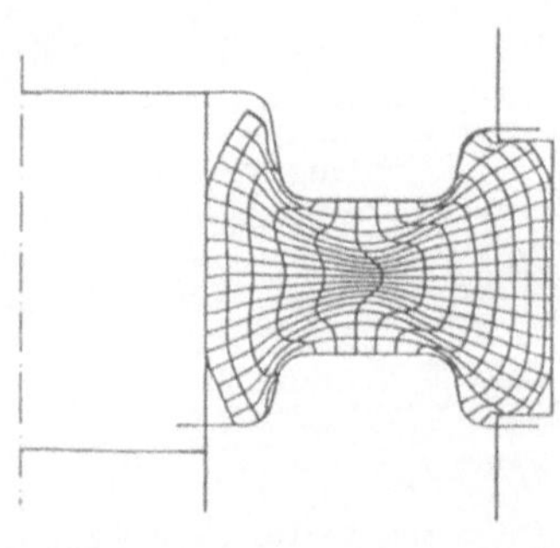

Stempelweg s = 9,40 mm

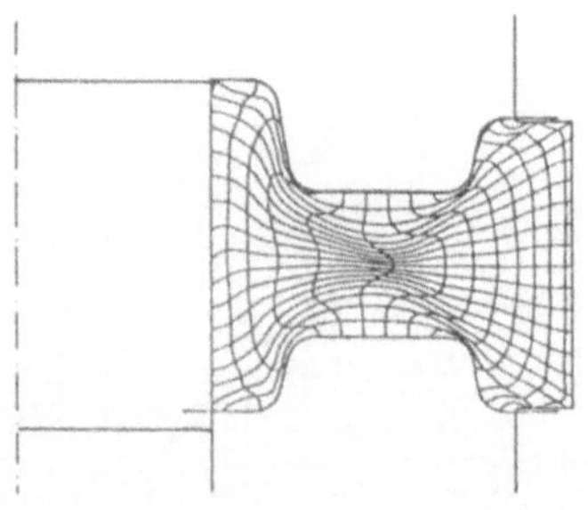

Stempelweg s = 10,30 mm

Bild 55: Fließnetzzustände bei der Rohteilgeometrie nach Variante 2.

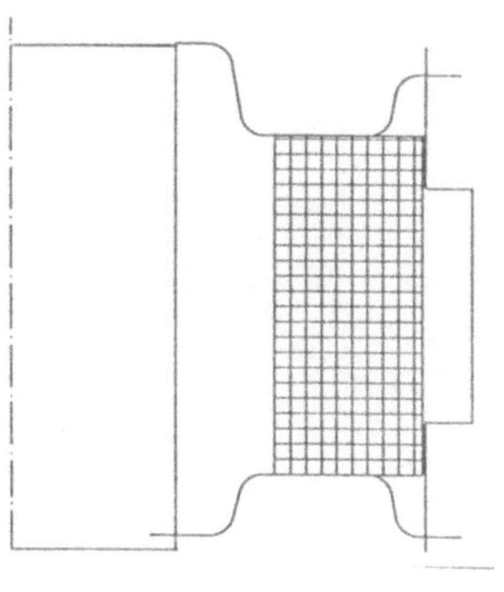

Ausgangsnetz

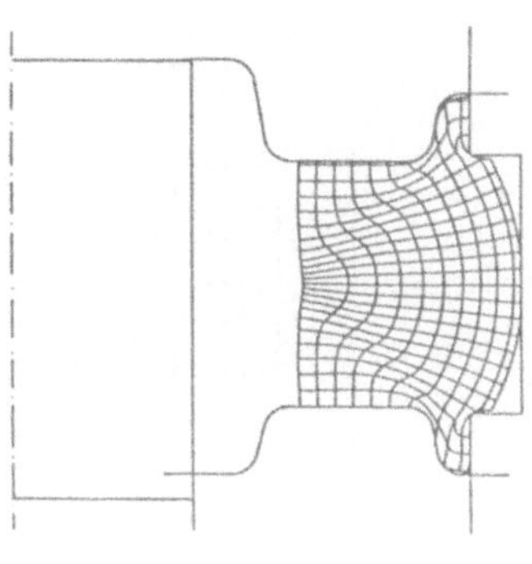

Stempelweg s = 7,60 mm

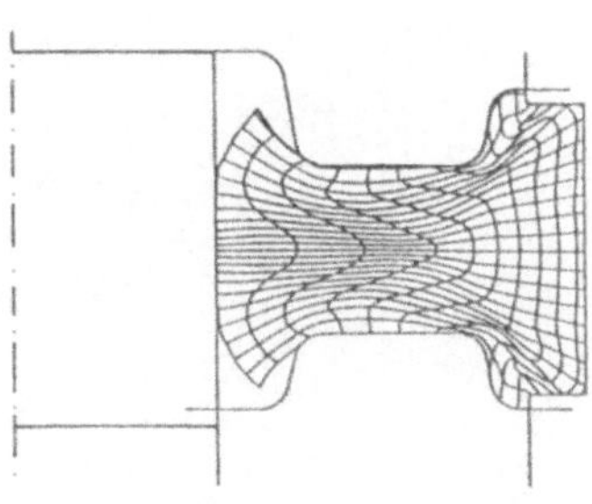

Stempelweg s = 13,44 mm

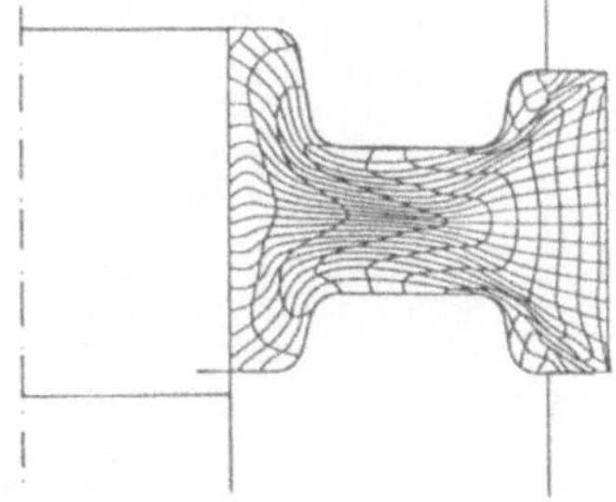

Stempelweg s = 14,64 mm

Bild 56: Fließnetzzustände bei der Rohteilgeometrie nach Variante 3.

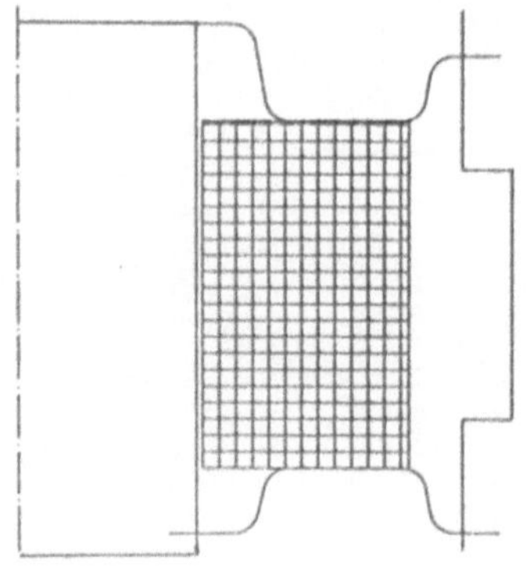

Ausgangsnetz

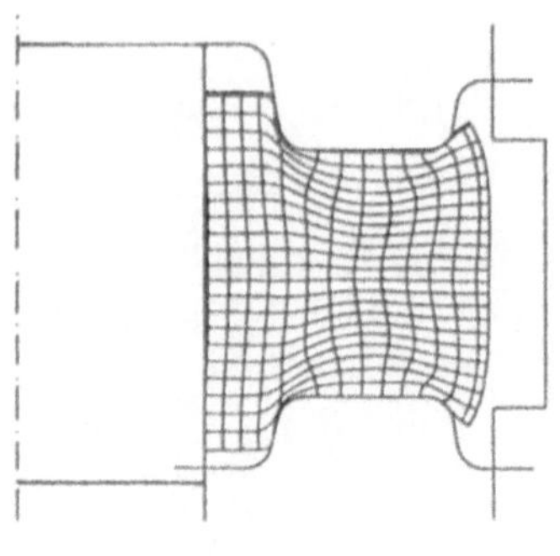

Stempelweg s = 7,06 mm

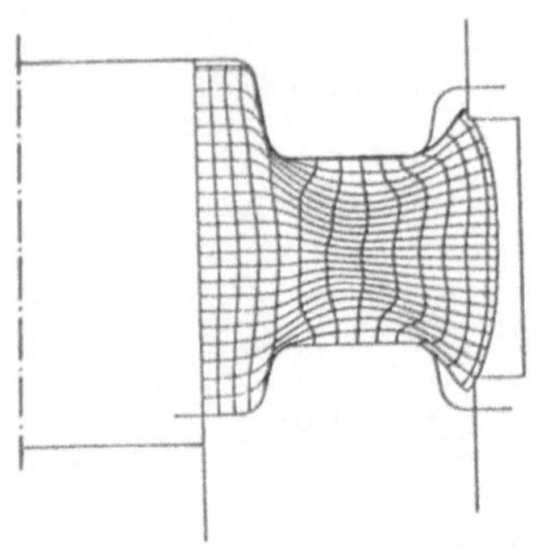

Stempelweg s = 10,0 mm

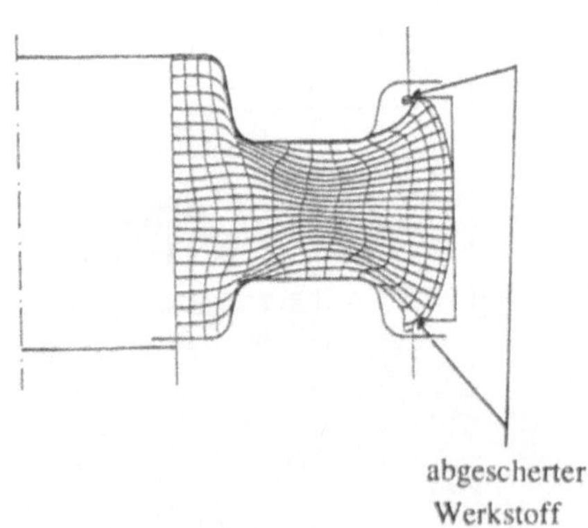

Stempelweg s = 11,66 mm

Bild 57: Fließnetzzustände bei der Rohteilgeometrie nach Variante 4.

Anhand der in Bild 58 dargestellten Kraft- Weg- Verläufe sowohl für die Simulation der Ausgangsgeometrie mit ebenen Preßstempeln als auch für die vier Varianten mit profilierten Preßstempeln lassen sich im wesentlichen zwei Unterschiede herausstellen:

- die Preßkraft liegt bei der Ausgangsgeometrie von Anfang an deutlich höher als bei allen Simulationen mit profilierten Preßstempeln. Dies ist auf die deren geringere Auflagefläche bei der Krafteinleitung in das Werkstück zurückzuführen. Bei gleicher Normalspannung ergibt sich so zwangsläufig die Differenz in der Umformkraft.

- der Stempelweg bei der Ausgangsgeometrie ist entsprechend des mit minimalem Bohrungsdurchmesser und maximalem Außendurchmesser ausgelegten Rohteils mit nahezu keinen axialen Fließmöglichkeiten für den Werkstoff im Bereich der Stempel wesentlich kleiner als bei den Varianten 1 bis 4.

Dennoch liegt zwischen Simulationen mit unterschiedlich ausgeführten Preßstempeln auch eine wichtige Gemeinsamkeit vor:

- erst wenn der Werkstoff sich an Dorn und Matrizenwand anlegt und so dem radialen Stofffluß ein starker Widerstand entgegengebracht wird, steigt die Preßkraft steil an. Davor, wenn also im inneren oder äußeren Bereich noch eine freie radiale Fließmöglichkeit besteht, lassen sich durch entsprechende Wahl der Rohteilgeometrie kritische Bereiche gezielt ausfüllen, während untergeordnete Bereiche nicht vollständig ausgebildet werden. Bei den Varianten 2 und 3 ist das Anlegen des Werkstoffs an der Matrizenwand bei 7,0 mm bzw. 7,4 mm Gesamtstempelweg als Knick im Preßkraftverlauf erkennbar.

Verdeutlichen läßt sich diese gezielte Steuerung des Stoffflusses über den Vergleich der Formfüllung bei gleichen Preßkräften. Gewählt wurde hier eine Vergleichsbasis von 5 MN, die bei der eingesetzten Versuchspresse nach Abzug des Schließkraftanteils noch als Umformkraft zur Verfügung steht. Der Zustand bei dieser Preßkraft ist für die Ausgangsgeometrie sowie die Varianten 2 und 3 in Bild 59 dargestellt.

Die Formfüllung bei 5 MN bei ebenen Preßstempeln zeigt die Schwierigkeit auf, bei der umformtechnischen Herstellung von Zahnrädern in den Eckenbereichen entsprechend der momentanen spanenden Fertigung scharfe Kanten zu erzeugen. Danach ist es auch in der Simulation nicht möglich, die beiden geschwärzten Eckenbereiche restlos auszufüllen.

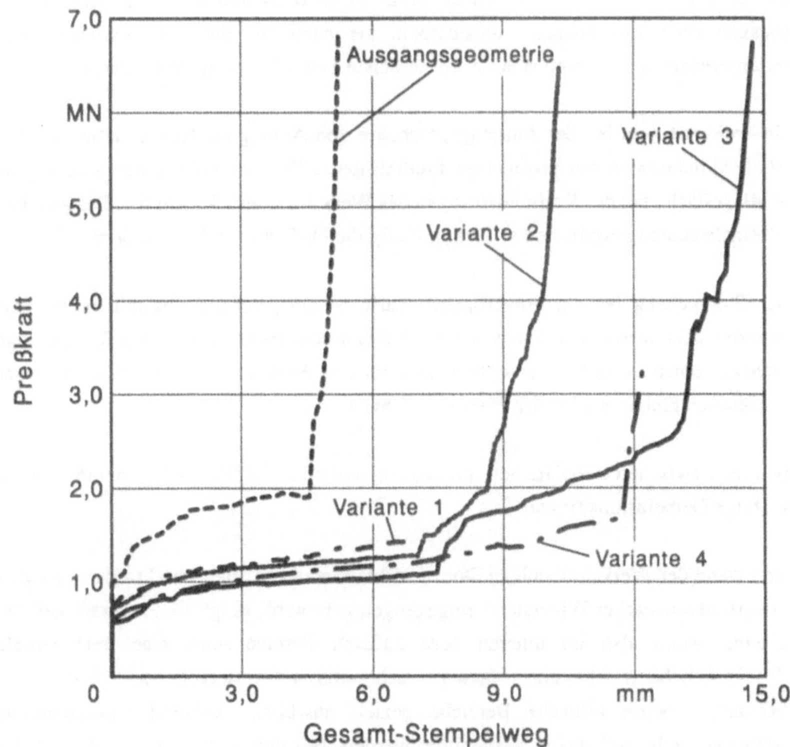

Bild 58: Kraft- Weg- Verläufe für verschiedene Stempel- und Rohteilgeometrien.

Mit der verbesserten Fließmöglichkeit radial nach innen treten diese Probleme bei Variante 2 nicht mehr auf. Dafür ist ein kleiner Bereich zwischen Dorn und Stempel nicht vollständig ausgeformt. Bei Variante 3 mit noch vergrößertem Weg des Werkstoffs bis zum Auftreffen auf den Dorn fallen diese nicht ausgefüllten Bereiche an Stempel und Gegenstempel noch deutlicher aus.

Da beim Querfließpressen in eine verzahnte Matrize dem Stofffluß radial nach außen ein mit Sicherheit größerer Widerstand entgegengesetzt wird als beim Ausfüllen der Zylinderkontur, böte sich Variante 3 für die Verifikation im Experiment an. Dabei dürfte ein gleichmäßigeres Ausfüllen im Zahn- und Dornbereich auftreten als dies bisher der Fall ist.

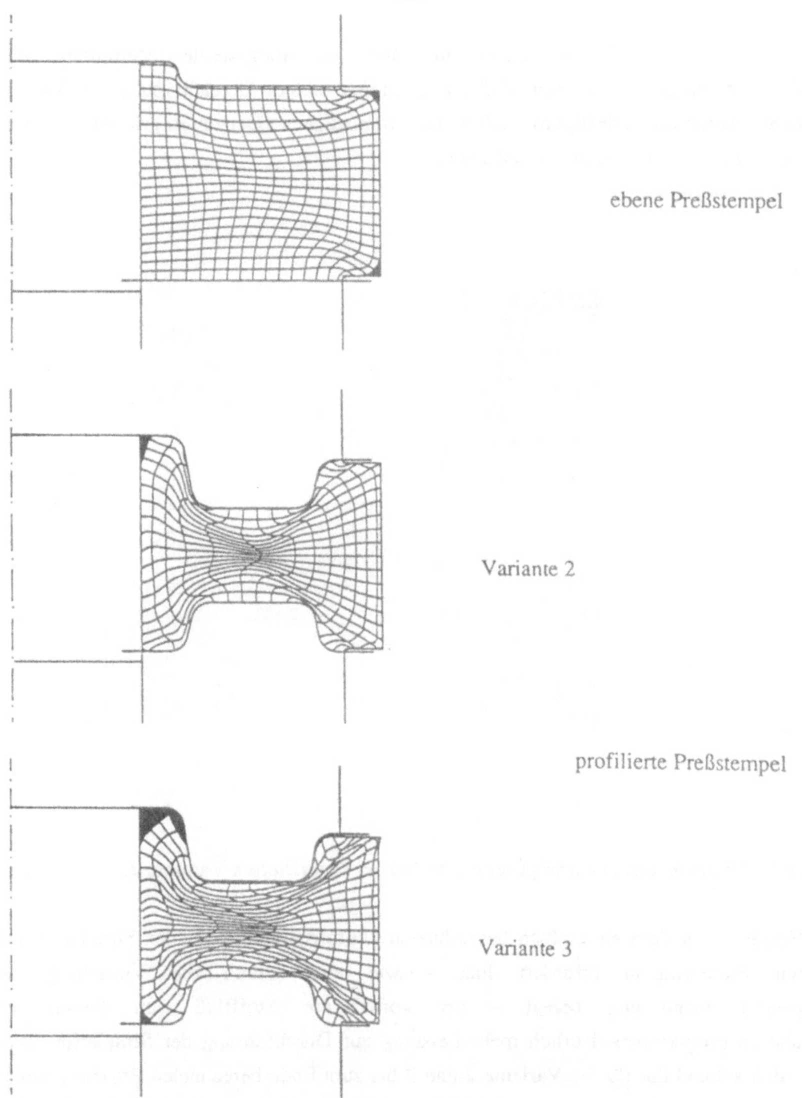

Bild 59: Formfüllung bei einer Preßkraft von 5 MN für verschiedene Stempel- und Rohteilgeometrien.

Aufgrund der bereits genannten Werkstoffbereiche mit starker Scherbeanspruchung scheidet jedoch diese Variante aus, und Variante 2 als guter Kompromiß aus Werkstoffbeanspruchung und Formfüllung erhält den Vorzug.

Die für Variante 2 berechnete in Bild 60 dargestellte Verteilung der Vergleichsformänderungen zeigt, daß nur noch ein kleiner Bereich mit $\varepsilon_v < 0{,}4$ mit schwacher Werkstoffverfestigung vorliegt und im restlichen Querschnitt größere Teile mit $\varepsilon_v = 0{,}8... 1{,}2$ und darüber hinaus auftreten.

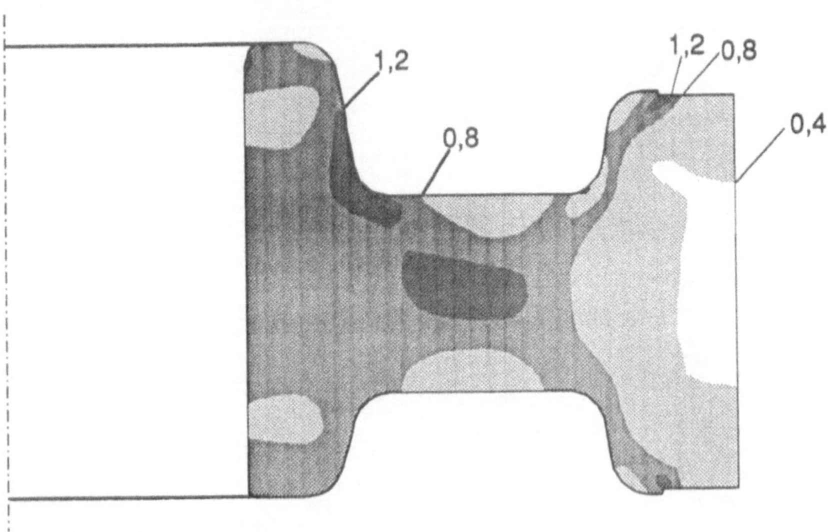

Bild 60: Vergleichsformänderungsverteilung bei der favorisierten Variante 2.

Im Vergleich zu dem als einfach bezeichneten Umformvorgang bei der Simulation mit ebenen Preßstempeln erfordert hier - wie auch durch die Verteilung der Vergleichsformänderung belegt - der komplexere Stofffluß von Seiten des Simulationsprogrammes deutlich mehr Leistung zur Durchführung der Simulation. Dies zeigt sich anhand der für die Variante 2 und 3 bis zum Ende berechneten Prozesse, wobei 19 bzw. 25 Remeshingvorgänge bei 110 bzw. 151 Lastschritten notwendig wurden. Die Rechenzeit auf einer DEC - 3100 - Rechenanlage lag für die beiden Geometrien bei 152 bzw. 171 Stunden.

8.2 Preßversuche mit profilierter Stempelgeometrie

Nachdem über die Stoffflußsimulation mit der FEM eine geeignete Geometrie für das Pressen mit profilierten Stempeln gefunden war, wurden die beiden Stempel sowie Rohteile derselben Abmessung wie bei der Simulation gefertigt und erneut Preßversuche durchgeführt.

8.2.1 Vergleich der Versuchsergebnisse mit ebenen und profilierten Preßstempeln

Entsprechend der bei der Auswahl einer Variante geäußerten Vermutung ist der Widerstand beim Ausfüllen der Verzahnung wesentlich höher als in der Simulation nach Anlegen des Werkstoffs an der äußeren Matrizenwand. Somit konnte hier die Kontur gegenüber der Ausgangsgeometrie besser ausgefüllt werden, doch ist auch hier mit Kaltfließpressen eine vollständige Formfüllung nicht erreichbar.

Bei den in Bild 61 dargestellten Kraft- Weg- Verläufen der Preßversuche mit ebenen und profilierten Preßstempeln zeigt sich, daß der elastischen Auffederung des mehr als 1 m hohen Gesamtwerkzeuges eine entscheidende Rolle zukommt. Ab einem gewissen Grad der Formfüllung ergibt sich nur scheinbar eine Vergrößerung des zwischen beiden Pressentischen aufgenommenen Stempelweges, die in Wirklichkeit nahezu vollständig von der elastischen Stauchung des Werkzeuges herrührt. Deshalb ist auch durch eine starke Preßkrafterhöhung nahezu keine Steigerung der Formfüllung, dafür aber eine Beschädigung des Werkzeuges erreichbar. Nach Wegnahme der Preßkraft ist zwischen dem Beginn und dem Ende des Stempelkraftausschlages an der Abszisse der tatsächlich zurückgelegte Gesamtstempelweg ablesbar.

Der Gesamtstempelweg für die profilierte Geometrie liegt bei etwa dem Doppelten der Ausgangsgeometrie. Ebenfalls läßt sich die geringere Kontaktfläche zwischen Stempeln und Werkstück an dem zunächst konvexen Verlauf der Kurve ablesen. Beim Anlegen des Werkstoffs im Fußkreis der Matrize (Zahnkopf des Zahnrades) beginnt dann in beiden Fällen der exponentielle Kraftanstieg mit nur geringem realem Umformweg bis zum Kraftmaximum der Presse bei etwa 4,8 MN.

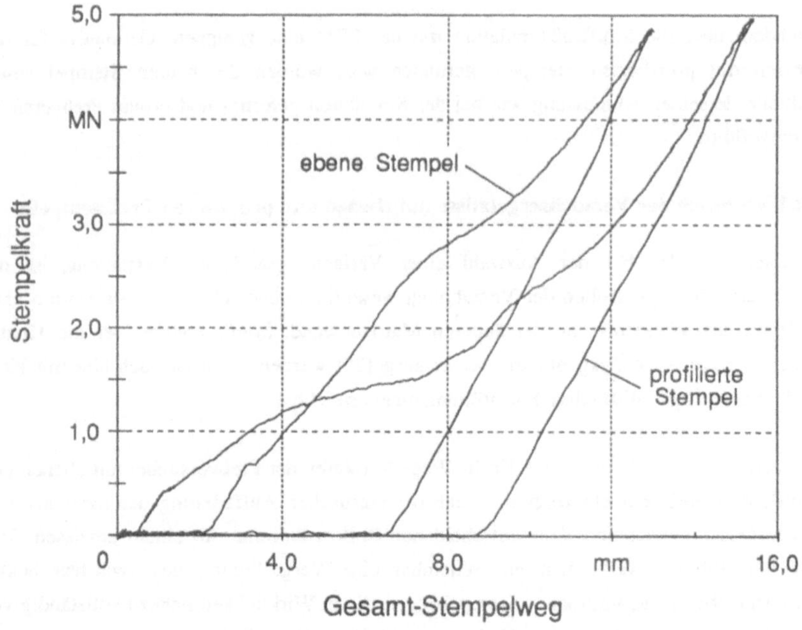

Bild 61: Kraft- Weg- Verläufe beim Pressen mit ebenen und profilierten Stempeln.

8.3 Vergleich von Versuchs- und Simulationsergebnissen

Beim Vergleich der in Bild 58 und 61 dargestellten Kraft- Weg- Verläufe aus der Simulation und den Experimenten zeigt sich zwischen beiden vor allem ein wesentlicher Unterschied. Während in der Simulation als starr angesehene Werkzeuge vorliegen und bei Erreichen einer bestimmten Formfüllung eine weitere Zustellung der Preßstempel sofort zu einem nahezu vertikalen Verlauf der Preßkraft im Kraft- Weg- Diagramm führt, ist bei den im Experiment aufgenommenen Kurven ein deutlicher Weganteil aus der elastischen Verformung des Gesamtwerkzeuges mit enthalten, weshalb hier der Kraftanstieg auch gegen Prozeßende nicht die Steilheit der berechneten Verläufe erreicht. Für die ebenen Stempelgeometrien ergibt sich übereinstimmend sofort bei Beginn der Umformung ein deutlich höheres Preßkraftniveau als für die Geometrien mit profilierten Stempeln, wobei deren Stempelweg sich bis zum Beginn des starken Preßkraftanstiegs in beiden Fällen etwa verdoppelt.

Die Gegenüberstellung der Vergleichsformänderungsverteilungen erfolgt anhand der berechneten Verläufe aus Bild 60 und der im folgenden Bild 62 dargestellten, wieder über Härtemessungen ermittelten Linien gleicher Werte für die Vergleichsformänderung. Hierbei zeigt sich, daß in beiden Fällen wieder ähnliche Verteilungen vorliegen, wobei die Absolutwerte der im Versuch aufgenommenen Vergleichsformänderungen, wie auch bei der Gegenüberstellung im Stirnschnitt, durchweg niedrigere Werte als bei der Simulation aufweisen.

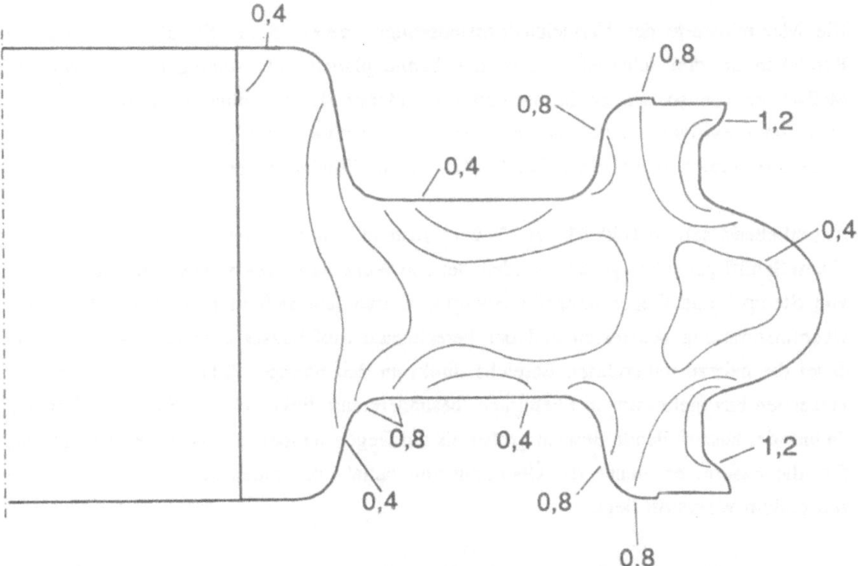

Bild 62: Vergleichsformänderung im Axialschnitt über die Härteverteilung ermittelt.

Übereinstimmend liegen an den ebenen Teilen der Preßstempel angrenzend Bereiche mit geringen Formänderungen vor, d.h. der radial nach innen und außen vorliegende Stofffluß findet aus der Werkstückmittelebene heraus statt, in der in beiden Fällen eine höhere Verfestigung des Werkstoffes festzustellen ist.

Während in der Simulation im Dornbereich größtenteils Werte von $\varepsilon_v > 0,8$ auftreten, dürften die mit $\varepsilon_v > 0,4$ gemessenen Werte auch anhand des Faserverlaufes in Bild 63 bestätigt - eher zutreffen, da auch hier Werkstoff im wesentlichen radial verschoben und dabei nur wenig verfestigt wird.

Ebenfalls vorwiegend radial verschobene Werkstoffbereiche liegen in beiden Fällen im äußeren Mittenbereich vor. Während sich der Werkstoff in der Simulation nach der radialen Verschiebung an der Matrize anlegt, und nachfolgende Werkstoffschichten zur Ausfüllung der Eckenbereiche daran abgleiten, ist bei den Versuchsergebnissen ein deutlicher Einfluß des räumlichen Stoffflusses entlang der schrägverzahnten Matrizenkontur zu erkennen, was sich in zum Kopfkreis des Zahnrades hin in wieder ansteigenden Werten ausdrückt.

Die Maximalwerte der Vergleichsformänderungen treten in der Simulation in kleinen Bereichen an den scharfen Kanten der Schließplatten auf, wohingegen sie bei den Meßwerten ebenso wie im Stirnschnitt im Fußkreis der Verzahnung bis hinein in die beginnende Evolvente liegen. Dieser Unterschied begründet sich jedoch eindeutig mit den in diesem Bereich unterschiedlichen Stoffflüssen in Simulation und Experiment.

Anschließend soll in Bild 63 der Fließnetzzustand von Variante 2 bei Simulationsende einem Schliff gegenübergestellt werden, der den Werkstückbereich zwischen den Absätzen von Stempel und Gegenstempel wiedergibt. Daran läßt sich in besonderem Maße die Übereinstimmung des realen und des berechneten Stoffflusses erkennen. Markant sind dabei die nahezu unberührten Bereiche direkt an den Stempelflächen, gefolgt von stark verzerrten bzw gekrümmten Fließlinien besonders zum linken oberen Stempelradius hin, da hier der auszufüllende Bereich größer als am Gegenstempel ist, sowie die Fließscheide, d.h. die Fasern, bei denen der Übergang von radial nach innen und radial nach außen fließendem Werkstoff liegt.

In einer abschließenden Bewertung der Simulationsergebnisse kann gesagt werden, daß trotz bestehender lokaler Unterschiede beim Prozeßablauf und im Stofffluß wichtige und vor allem auch mit den experimentell ermittelten übereinstimmende - Ergebnisse auch aus einer vereinfachten 2D -FEM - Simulation nach sorgfältiger Abstimmung der Randbedingungen gewonnen werden konnten.

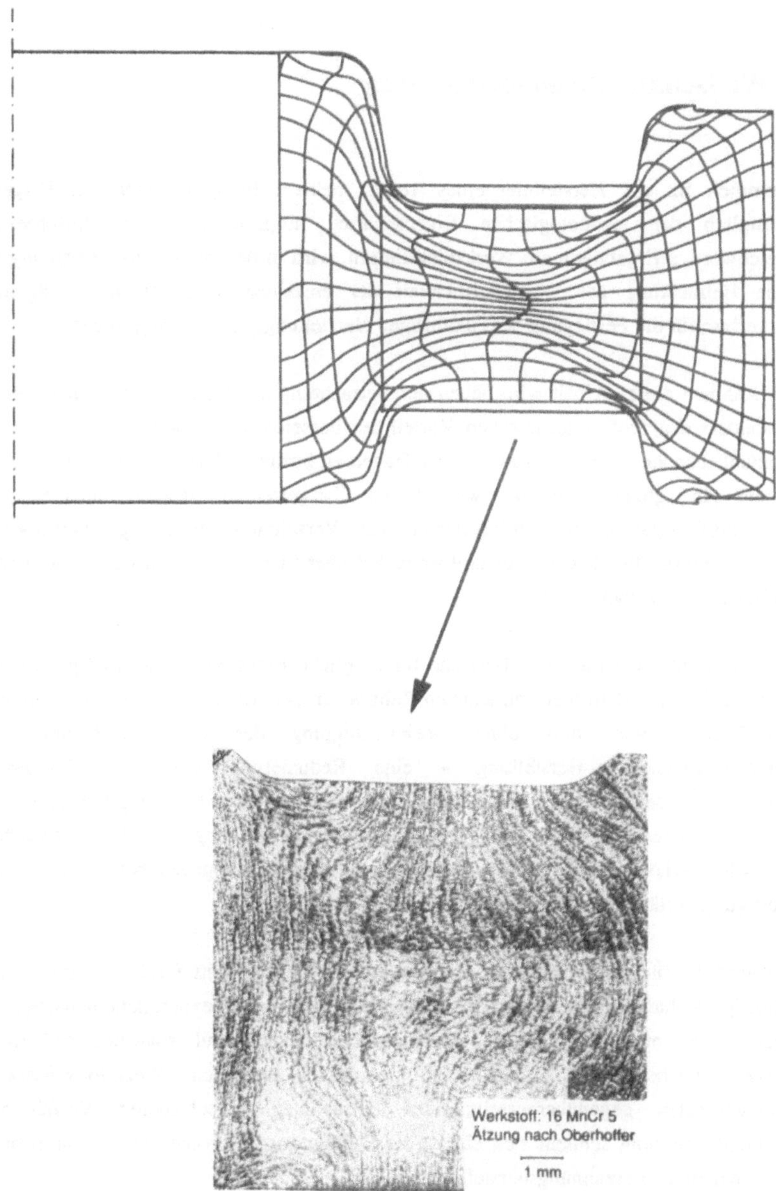

Bild 63: Fließnetz und Faserverlauf für Variante 2 bei Prozeßende.

9 Wirtschaftlichkeitsbetrachtung

Kommen für die Herstellung eines Teiles mehrere Fertigungsfolgen in Frage, die bezüglich der technologischen Eigenschaften aufgrund gestellter Anforderungen gleichwertige Ergebnisse am Werkstück liefern, wird in der industriellen Fertigung meist eine Betrachtung der Wirtschaftlichkeit der einzelnen Varianten als maßgebliches Kriterium für die Festlegung der zukünftigen Herstellungsweise herangezogen.

Im Rahmen dieser Arbeit wird neben der Betrachtung der Verzahnungsqualität versucht, besonders den umformtechnischen Vorteil der besseren Werkstoffausnutzung gegenüber spanabhebenden Verfahren stärker zum Tragen zu bringen. Dafür reicht es nicht aus, von einem in gleicher Weise wie bisher hergestellten Rohteil ausgehend die Werkstoffeinsparung bei umformtechnischer Verzahnungsherstellung gegenüber dem Wälzfräsen für die gleiche - aus umformtechnischer Sicht hier ungünstige - Endgeometrie in Betracht zu ziehen.

Vielmehr gilt es, zusätzliche Bereiche für mögliche Einsparungen ausfindig zu machen. Diese liegen bei dem hier betrachteten Zahnrad in der nahezu beliebigen Gestaltung der Stirnflächen, weil dort ohne Beeinträchtigung der Funktionsfähigkeit - bei umformtechnischer Herstellung - eine Reduzierung der Materialkosten bei gleichbleibenden Fertigungskosten möglich ist. Bei spanender Fertigung hingegen tritt bei einer derartigen Profilierung der Deckflächen keine Senkung des Materialbedarfs ein, außerdem erhöhen sich die Fertigungskosten aufgrund der gegenüber der momentanen Fertigung verlängerten Spanzeiten.

So wird die für eine profilierte Stempelgeometrie in Abschnitt 8.1.2 simulativ ermittelte günstige Rohteilvariante 2, deren Eignung in Abschnitt 8.2 experimentell nachgewiesen wurde, der momentan in der Fertigung befindlichen, auf spanende Rohteil- und Verzahnungsherstellung ausgelegten Geometrie bezüglich Werkstoffeinsatz und Herstellkosten gegenübergestellt. Der Betrachtung verschiedener Verfahren zur Rohteilherstellung schließt sich ein kurzer kalkulatorischer Vergleich von umformender und spanender Verzahnungsherstellung an.

Zur Ermittlung des Werkstoffbedarfs für die Herstellung des betrachteten ZR30 mit verschiedenen Fertigungsfolgen werden diese im folgenden kurz vorgestellt.

Bei Variante 0 handelt es sich um die Bearbeitungsfolge, wie sie zur Zeit bei Fertigung des in Serie laufenden PKW- Getrieberades zur Anwendung kommt. Dabei entspricht auch die Ausbildung der Stirnseiten dem Serienstand. Bei den Varianten 1 bis 4 handelt es sich um Bearbeitungsschritte zur Fertigung des gewichtsreduzierten Rohteils für ein durch Umformen herzustellendes Zahnrad mit profilierter Stirnflächengeometrie. Durch das gewählte Profil der Deckflächen ergibt sich gegenüber der ebenen Ausführung - jeweils auf umformtechnische Herstellung bezogen - bereits ein um mehr als 25% reduzierter Materialeinsatz. Rohteil und gepreßtes Zahnrad sind für beide Ausführungen in Bild 64 dargestellt.

Bild 64: Rohteil und gepreßtes Zahnrad vor und nach der Gewichtsreduktion.

Variante 0

Ausgangsmaterial: gezogener Stabstahl, ϕ 68 mm.

Fertigungsfolge auf 6- Spindel- Stangenautomaten:

- Bohren
- Drehen der Stirnseite mit kleiner Nabe, Längsdrehen
- Abstechen mit 4 mm breitem Abstechmeißel.

Variante 1

Ausgangsmaterial: gezogener, geschälter Stabstahl, ϕ 55 mm

Fertigungsfolge:

- Sägen im Bündel
- Glühen, Oberflächenbehandeln
- Kaltpressen in 3 Stufen (Napfen, Lochen, Kalibrieren)
- Weichglühen und Sandstrahlen.

Variante 2

Ausgangsmaterial: gezogener, geschälter Stabstahl, ϕ 32 mm

Fertigungsfolgen:

- Scheren und Warmpessen in 3 Stufen (Setzen, Napfen, Lochen)
- Sandstrahlen
- Drehen in 2 Aufspannungen
- Weichglühen und Sandstrahlen.

Variante 3

Ausgangsmaterial: gezogener Stabstahl, ϕ 56 mm

Fertigungsfolge auf Einspindel- Drehautomaten durch:

- Bohren
- Längsdrehen
- Abstechen mit 4 mm breitem Abstechmeißel.

Variante 4

Ausgangsmaterial: nahtloses Drehteilrohr, geglüht, d_a = 56 mm, d_i = 28,6 mm

Fertigungsfolge auf Einspindel- Drehautomaten:

- Bohren
- Längsdrehen
- Abstechen mit 4 mm breitem Abstechmeißel.

Aufgrund der beschriebenen Fertigungsvarianten ergeben sich deutliche Unterschiede im Rohteil- Einsatzgewicht und im Abfallanteil. Während das fertige Zahnrad für Variante 0 noch 333 g wiegt, liegt das für die Varianten 1 bis 4 bei 238 g. Das Rohteil- Einsatzgewicht sowie der jeweilige Abfallanteil für die einzelnen Varianten sind in Bild 65 dargestellt.

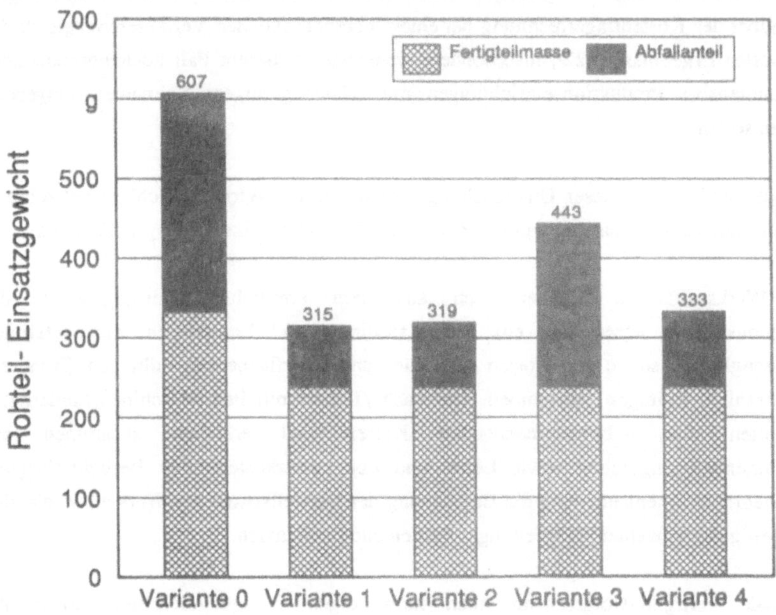

Bild 65: Werkstück- Einsatzgewicht und Abfallanteil für verschiedene Fertigungsvarianten.

Mit mehr als 45% Abfallanteil liegen die Varianten 0 und 3 wie erwartet deutlich schlechter als die übrigen Fertigungsfolgen. Als nächstes folgt Variante 4, bei der sich durch Verwendung eines Rohres als Ausgangsmaterial der Abfallanteil auch bei spanender Herstellung noch in Grenzen hält. Etwa gleich gut schneiden die Varianten 1 und 2 ab, wobei das gesägte Rohteil bei Variante 1 aufgrund der höheren Volumenkonstanz keiner spanenden Nachbearbeitung mehr bedarf. Scheren kommt hier aufgrund des ungünstigen Verhältnisses von Höhe zu Durchmesser nicht in Betracht. Beim Warmpressen fällt kein Abfall vom Sägen an, doch ist aufgrund der für alle Varianten geforderten gleichen Toleranzen eine allseitige spanende Nachbearbeitung notwendig.

Die im folgenden durchgeführte Wirtschaftlichkeitsbetrachtung hat das Ziel, die Herstellkosten für die beschriebenen Fertigungsverfahren zu ermitteln und so eine Wertung zu ermöglichen. Dazu muß die Kostenrechnung möglichst genaue und verursachungsgerechte Daten liefern. Die Platzkostenrechnung als Verfahren der Kostenstellenrechnung mit geringen verbleibenden Restfertigungsgemeinkosten ergibt gegenüber der Kostenträgerrechnung bei einem überbetrieblichen Verfahrensvergleich die genauesten Ergebnisse /122/, insbesondere wenn wie in diesem Fall hochautomatisierte, kapitalintensive Produktionseinrichtungen mit relativ geringem Lohnanteil eingesetzt werden sollen.

Deshalb wird der in dieser Untersuchung durchgeführten Wirtschaftlichkeitsbetrachtung die Maschinenstundensatzrechnung zur Ermittlung der Herstellkosten zugrundegelegt.

Die Werkstoffkosten ergeben sich aus dem ermittelten Einsatzgewicht, die Fertigungskosten setzen sich aus den Maschinen- und Lohnkosten, den anteiligen Werkzeugkosten sowie den Kosten für Glüh- und Oberflächenbehandlungen (Bondern, Sandstrahlen, Reinigen) zusammen. Die nach /123/ ermittelten Maschinenstundensätze beinhalten alle maschinenbezogenen Kosten und erlauben zusammen mit Maschinenbelegungszeiten sowie Lohn- und Lohnzusatzkosten unter Berücksichtigung von Mehrmaschinenbedienung die Berechnung der Herstellkosten pro Werkstück, die sich so anteilig den einzelnen Bearbeitungsschritten zuordnen lassen.

Optimale Fertigungsfolgen mit allen notwendigen Fertigungsschritten, sowie die zugrundegelegten Kalkulationsdaten wurden bei Herstellern erfragt und stellen teilweise Mittelwerte aus unterschiedlichen Angaben dar. Ebenso handelt es sich bei den angesetzten Werkstoffpreisen von einheitlich 1,25 DM/kg für die Varianten 0 bis 3 sowie von 2,34 DM/kg für Variante 4 um Durchschnittswerte.

Die sich so ergebenden Rohteilherstellkosten sind in Bild 66 für die fünf betrachteten Varianten wiedergegeben. Bei der konventionellen Fertigungsfolge (Variante 0) ist ein hoher Anteil an Werkstoffkosten aufgrund des deutlich höheren Einsatzgewichts als bei den anderen Fertigungsfolgen zu verzeichnen. Den Hauptteil machen jedoch die Maschinenkosten aus, wohingegen die Werkzeugkosten sehr gering ausfallen. Eine abschließende Glühbehandlung ist für die folgende spanende Verzahnungsherstellung nicht notwendig.

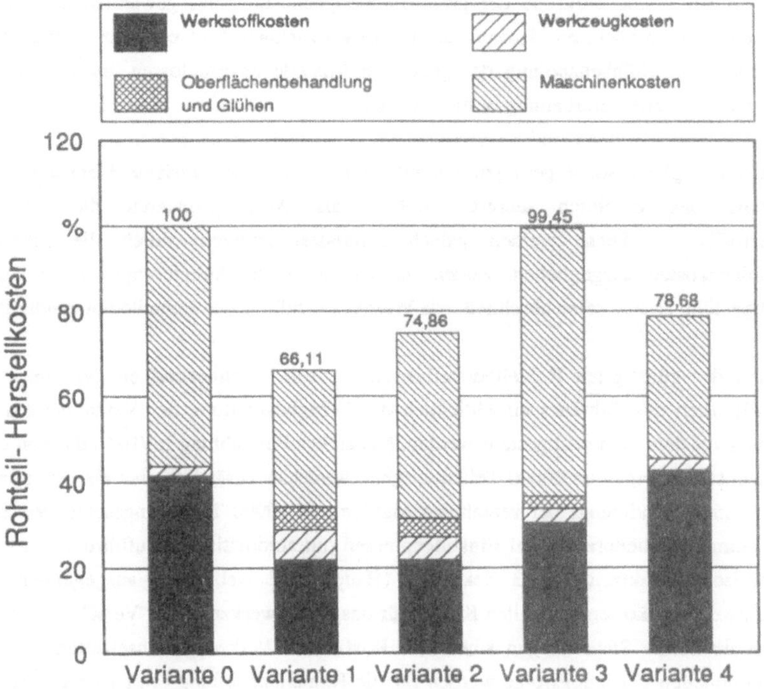

Bild 66: Vergleich der Herstellkosten bei der Rohteilherstellung bei verschiedenen Fertigungsfolgen.

Bei Variante 1 liegen deutlich niedrigere Maschinenkosten vor, die sich etwa in 60% für das Sägen und 40% für das Kaltumformen aufteilen lassen. Wie bei umformenden Verfahren üblich, liegen die anteiligen Werkzeugkosten deutlich über denen für eine spanende Herstellung der Rohteile. Hinzu kommen Kosten für notwendige Glüh- und Oberflächenbehandlungen.

Die für alle Fertigungsfolgen aufgrund der Weiterverwendung des Rohteils in einem allseitig geschlossenen Preßwerkzeug gleichermaßen geforderten engen Maß- und Volumentoleranzen machen bei Variante 2 eine spanende Nachbearbeitung des gesamten Schmiederohteils notwendig. So ergibt sich hier eine Zusammensetzung der Maschinenkosten aus etwa 30% vom Warmpressen und 70% vom Drehen.

Bei Variante 3 sind aufgrund der geringen Mengenleistung des gewählten Einspindel-Drehautomats die höchsten Maschinenkosten zu verzeichnen. Im Gegensatz zu Variante 0 wird hier eine Glühbehandlung der gedrehten Rohteile angeschlossen, da sie für eine umformende Weiterverarbeitung bestimmt sind.

Trotz des vergleichsweise geringen Rohteileinsatzgewichts bei Variante 4 entstehen hier aufgrund des erheblich teureren Rohres als Ausgangsmaterial die höchsten Werkstoffkosten. Diese werden jedoch zumindest teilweise durch die niedrigen Maschinenkosten ausgeglichen. Zudem ist das Rohr im Anlieferungszustand bereits weichgeglüht, so daß keine abschließende Wärmebehandlung der Rohteile notwendig ist.

Anhand der günstigsten Rohteilherstellvariante 1 soll abschließend ein Vergleich der Herstellkosten des Zahrades einschließlich der Fertigbearbeitung der Verzahnung durch Schaben vor dem Härten angestellt werden. Neben der Betrachtung in /104/, die von einer Matrizenstandmenge von 20000 Teilen ausgeht, wird hier zusätzlich eine als Untergrenze anzusehende Standmenge der verzahnten Matrize von 10000 Teilen angesetzt. Weiterhin wird beim Querfließpressen auf Einstufenpressen mit automatischer Zuführung von einer rechnerischen Taktzeit von 3 Sekunden (Haupt- und Nebenzeit) ausgegangen. Die Gesamtwerkzeugkosten beinhalten Kosten für das Grundwerkzeug, für Verschleißteile mit unterschiedlichen Standmengen sowie für Rüst- und Werkzeugwechselzeiten. Bei der konventionellen Fertigungsfolge werden für die Rohteilherstellung etwa 18 s und für die Verzahnungsherstellung durch Wälzfräsen etwa 25 s Maschinenzeit angesetzt. Während die Kosten für die spanende Herstellung durch die Praxis abgesichert sind, liegt bei der alternativen Fertigung durch Umformen der Aufwand für das Weichschaben noch nicht exakt fest. Da durch Querfließpressen mit der korrigierten Geometrie im wesentlichen Vorverzahnungsqualitäten erreicht wurden, kann davon ausgegangen werden, daß die Bearbeitungszeit in der gleichen Größenordnung wie bei spanender Verzahnungsherstellung liegt.

Das in Bild 67 dargestellte Ergebnis dieses Kostenvergleichs zeigt trotz hoher Werkzeugkosten für das Verzahnen bereits für die niedrigere Matrizenstandmenge einen leichten Vorteil für das gewichtsreduzierte, umformend hergestellte Zahnrad. Auch bei einer möglicherweise etwas längeren Bearbeitungszeit beim Schaben ist ein Kostenvorteil der umformenden Alternative wahrscheinlich, da bei entsprechender Auslegung der Zahnform auf die Gegebenheiten beim Querfließpressen, bei dem sich die Eckenbereiche nicht vollständig ausformen lassen, eher eine Standmenge der verzahnten Matrize in Höhe von 15000 bis 20000 Teilen erwarten läßt und somit die hohen anteiligen Werkzeugkosten für die Verzahnungsherstellung noch deutlich reduziert werden können.

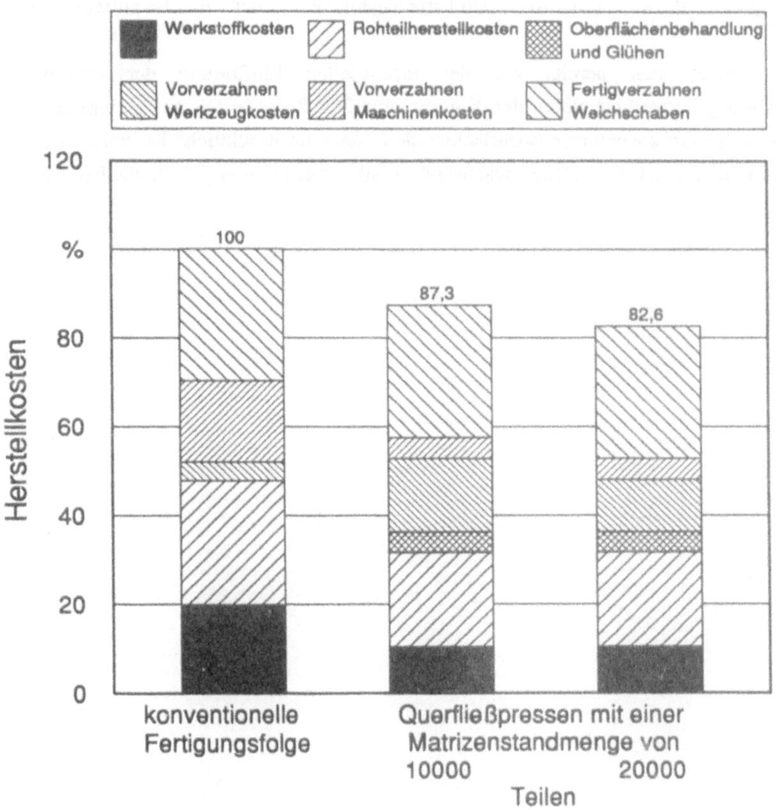

Bild 67: Vergleich der Zahnradherstellkosten für die konventionelle Fertigungsfolge und Querfließpressen mit umformend hergestelltem Rohteil.

Die Betrachtung der Rohteilherstellvarianten zeigt, daß umformende Verfahren auch bei engen Maß- und Volumentoleranzen der zu fertigenden Teile gegenüber den rein spanenden Varianten eindeutig überlegen sind. Auch beim Einsatz von Rohren als Ausgangsmaterial ergeben sich aufgrund der höheren Werkstoffkosten insgesamt auch höhere Herstellkosten für die spanende Bearbeitung als bei den umformenden Varianten.

Noch deutlicher fällt deren Vorteil aus, wenn eine Rohteilgeometrie vorliegt, die sich entweder kalt scheren läßt, wodurch das teure Sägen ersetzt werden kann oder wenn geringere Anforderungen an die Toleranzen des Rohteils gestellt werden, so daß beim Warmpressen die kostenintensiven Dreharbeitsgänge ganz oder teilweise entfallen können.

Somit bietet sich bereits vor der industriellen Einführung der umformenden Verzahnungsherstellung durch den Einsatz gepreßter Rohteile mit auf geringstmöglichen Werkstoffbedarf ausgelegten Stirnflächen die Chance für beachtliche Kosteneinsparungen, die im Hinblick auf die weltweit wachsende Konkurrenz nicht ungenutzt bleiben sollte.

Schrifttum

/1/   Lange, K.: Some aspects of the development of cold forging to a high-tech precision technology. In: Journal of Materials Processing Technology, 35 (1992) 245-257.

/2/   Dean, T.A.: Concepts and practice in precision forging. 7th International Congress Cold Forging, Birmingham (1985), S. 15-23.

/3/   Werle, K.H.: Die Herstellung von Verzahnungen vor 20 Jahren und heute. In: tz für Metallbearbeitung Nr. 4 (1987), S. 17.

/4/   N.N.: Pfauter Wälzfräsen, Teil 1, 2. Auflage, Ludwigsburg: Hermann Pfauter GmbH&CO 1976.

/5/   König, W.; Gutmann, P.: Aktuelle Technologien in der Fertigungsfolge Umformen-Spanen für die Zahnradfertigung, VDI-Tagung: Herstellen von Zahnrädern und verzahnten Werkstücken. VDI-Gesellschaft Produktionstechnik (ADB), 1986, S. 118.

/6/   Kauven, R.: Wälzfräsen mit TiN-beschichteten HSS-Werkzeugen. Dissertation Aachen, RWTH, Dissertation, 1987.

/7/   Venohr, G.: Beitrag zum Einsatz von Hartmetallwerkzeugen beim Wälzfräsen. Aachen, RWTH, Dissertation, 1985.

/8/   N.N.: Schälwälzfräsen gehärteter Zylinderräder. Pfauter Information Nr. 5 (1988), S. 3.

/9/   Erdmann, A.; Marxmeier, R.: Vor- und Fertigfräsen gehärteter Zahnräder und Ritzel mit Wendeplatten-Schälwälzfräsern. In: Werkstatt und Betrieb 119 (1986) Nr. 7, S. 574.

/10/   Roos, V.: Schälwälzfräsen einsatzgehärteter Zylinderräder. In: Industrie-Anzeiger (1985) Nr. 53, S.28.

/11/   Faulstich, I.: Aktuelle Verfahren zum Bearbeiten der Flanken einsatzgehärteter Zylinderräder. In: dima (1986) Nr. 6, S. 112.

/12/   Wiener, D.: Schleifen von Zahnrädern. VDI-Tagung: Herstellen von Zahn-rädern und verzahnten Werkstücken. VDI-Gesellschaft Produktionstechnik (ADB), 1986, S. 132.

/13/   Bausch, T.: Zahnradfertigung. Kontakt&Studium, Band 175, Sindelfingen: Expert, 1986.

/14/   Schekulin, K.: Gestalten und wirtschaftliches Fertigen von Präzisionszahnrädern. Kontakt&Studium, Sindelfingen: Expert, 1987.

/15/   Gohritz, A. u.a.: Ermüdung und Verschleiß von Zahnflanken. In: VDI-Z, 126 (1984), Nr. 12, S. 451.

/16/   Faulstich, I.: Hartbearbeitung von Zahnrädern findet wachsendes Interesse. In: dima (1988) Nr. 6, S. 29.

/17/   Schapp, U.: Untersuchungen über den Einfluß der Schnittbedingungen und des Verschleißes auf die Verzahnungsqualität beim Zahnradschaben, Dissertation RWTH Aachen, 1970.

/18/   Schapp, U.: Das Zahnflankenschaben. Kontakt&Studium, Band 175, Sindelfingen: Expert, 1986.

/19/   Bausch, T.: Verfahren und Maschinen zum Zahnrad-Feinbearbeiten. In: Werkstatt und Betrieb 118 (1985), Nr. 2, S. 73.

/20/   Schorp, G.: Die spanlose Fertigung von Zahnrädern. VDI-Berichte Nr. 47 (1961),S. 33.

/21/   Krapfenbauer, H.: Kaltgewalzte Präzisionsverzahungen. VDI-Berichte Nr. 332 (1979), S. 107.

/22/   Dohmann, F.; Trudt, O.: Herstellen von Stirnrädern durch Präzisionsumformen. Maschinenmarkt 91 (1985). Nr. 80, S. 1566.

/23/   Krapfenbauer, H.: Umformen statt Zerspanen. Industrie-Anzeiger (1983) Nr. 41, S. 48.

/24/   Krapfenbauer, H.: Kaltwalzen von Verzahnungen. Kontakt&Studium, Band 175, Sindelfingen: Expert 1986.

/25/   Schmoeckel, D. u.a.: Verzahnen durch Umformen. In: Werkstatt und Betrieb 113 (1980) S. 619 - 627.

/26/   Eichner, K.W.: Ist umformende Verzahnungsherstellung ein Problem? Seminar 3. Umformtechnisches Kolloquium, PTU Darmstadt (1988) S. 11/1 - 11/7.

/27/   Kurz, N.: Grundlagen für das Kaltwalzen von Voll- und Hohlkörpern nach dem Grob-Verfahren. Berichte aus dem Institut für Umformtechnik, Universität Stuttgart, Nr. 95, Berlin...: Springer, 1987.

/28/   Lange, K. (Hrsg.): Umformtechnik - Handbuch für Industrie und Wissenschaft, 2. Auflage, Band 2: Massivumformung, Berlin...:Springer, 1988.

/29/   Schmoeckel, D.: Konturnah Fertigen in der Kaltmassivumformung. Seminar, 13. Umformtechnisches Kolloquium, HFF Hannover, (1990), S. 6/6-6/10.

/30/   Eichner, K. W.: Verzahnungen fertigen mittels Walzen bei hoher Güte und Genauigkeit verlangt gezielte Stoffflußsteuerung. In: Maschinenmarkt, 94 (1988) 43, S. 58.

/31/   Kreissig, B.: Kaltwalzen von Verzahnungen mit dem Roto-Flo-Verfahren. In: Maschine 37 (1983), S. 226-228.

/32/   Hammerschmidt, E.: Verzahnungswalzen mit verschiedenen Maschinensystemen, Verzahnungswalzen nach dem WPM-Verfahren. In: Draht 32 (1981), S. 350-354.

/33/ Kopacz, Z.; Debinski, S. A.: Profilwalzmaschinen zum Kaltwalzen von Evolventenverzahnungen. In: VDI-Z 119 (1977), S. 389-391.

/34/ Witt, St.: Präzisionsgeschmiedete Getriebeteile. In: Industrie-Anzeiger 28(1989) S. 31-34.

/35/ Voigtländer, O.: Die Herstellung von Umformwerkzeugen. In: wt-Zeitung für die industrielle Fertigung 70 (1980), S. 103-109.

/36/ Mages, W. J.: Präzisionsschmieden. In: wt-Z. ind. Fertig. 69 (1979) 541 -548.

/37/ Schmoeckel, D.: Perspektiven der Umformtechnik, Seminar 3. Umformtechnisches Kolloquium, PTU Darmstadt (1988).

/38/ Witt, St.: Präzisionsschmieden. Tagungsunterlagen Präzisionsumformen, Haus der Technik e.V., Essen (1988).

/39/ Doege, E.; Adams, B.: Wirtschaftliche Zahnradfertigung durch Präzisionsschmieden. Seminar 13. Umformtechnisches Kolloquium, HFF Hannover (1990), S. 7/1-7/10.

/40/ Röber, G.; Munzinger, G.; König, W.: Herstellung von Zahnrädern mit gradierten Sondergefügen durch Pulverschmieden. 10. Arbeitstagung Zahnrad- und Getriebeuntersuchungen, Aachen 1989.

/41/ Vossen, K.: Pulverschmieden von gerad- und schrägverzahnten Zylinderrädern - Verfahrenstechnologie und Bauteilverhalten. Aachen TH Diss., 1987.

/42/ König, W.; Leube, H.; Vossen, K.: Qualität und Bauteilverhalten pulvergeschmiedeter Zahnräder. In: Industrie-Anzeiger 91(1986), S. 36-38.

/43/ Vossen, K.: Pulverschmieden von Laufverzahnungen. VDI-Tagung: Herstellen von Zahnrädern und verzahnten Werkstücken. VDI-Gesellschaft Produktionstechnik (ADB), (1986), S. 104 ff.

/44/ Schmoeckel, D.; Küber, M.: Auswahlkriterien für Verfahren der Zahnradfertigung. In: Werkstatt und Betrieb 115 (1982) Nr. 9, S. 635.

/45/ Mages, W.: Vorteilhafte Anwendung neuzeitlicher Umformverfahren in der Zahnrad- und Getriebefertigung. VDI-Berichte Nr. 332 (1979), S. 106.

/46/ Dohmann, F.; Traudt, O.; Jütte, F.; Gödde, B.: Kaltfließpressen von geradverzahnten Werkstücken. Seminar Neuere Entwicklungen in der Massivumformung, FGU Stuttgart, (1985), S.17/1-17/34.

/47/ König, W.; Steffens, K.; Hoffmann, H.-W.: Gear Production by Cold Forming. In: Annals of the CIRP, Vol. 34/1/1985, S. 481-483.

/48/ Jütte, F.: Beitrag zum Präzisionsumformen von Stirnradverzahnungen. Paderborn, Gesamthochschule, Diss., 1986.

/49/ Jontschew, B. A.: Kaltumformen eines Zahnrades nutzt den Werkstoff gut aus und sorgt für hohe Produktivität. In: Maschinenmarkt, Würzburg 95 (1989) 26, S. 22-25.

146

/50/   Samanta, S.: Tempering corrects loss of ductility in TRIP steel. In: Americanmachinist 10 (1976), S. 5-6.

/51/   Samanta, S.: Helical Gears: A Novel Method of Manufactring. IT Proceedings NAMRC - IV, (1976), Batelle Columbus Laboratories, Columbus, Ohio (USA), S. 199-205.

/52/   Schutzrecht DE -OS 25 33 670 (1976).

/53/   Hofmann, H.-W.: Einfluß der Verzahnungsgeometrie auf die erreichbare Qualität beim Fließpressen von Zahnrädern. In: Industrie-Anzeiger 91 (1986), S. 46-47.

/54/   König, W.; Hofmann, H.-W.; Steffens, K.: Fließpressen von Laufverzahnungen. VDI-Tagung, Düsseldorf 1984.

/55/   Shimamura, S.; Miyashita, Y.: Cold forging technologies for automotive parts with teeth. 23rd ICFG Plenary Meeting Helsinki 09(1990).

/56/   König, W.; Steffens, K.: Hoffmann, K.-W.: Zahnräder durch Fließpressen fertigen. In: Industrie-Anzeiger 107 (1985) 26, S. 14-16.

/57/   Jütte, F.: Präzisionsumformen von Stirnradverzahnungen. In: Antriebstechnik 26 (1987) 6, S. 56-59.

/58/   Jütte, F.: Kalibrieren von Stirnrädern durch Fließpressen. In: VDI-Z. Band 129 (1987) Nr. 2, S. 82-89.

/59/   Laufer, M.: Untersuchungen über des Kaltfließpressen gerad- und schrägverzahnter Stirnräder, VDI-Fortschrittsberichte, Reihe 2, Nr. 221, 1992.

/60/   Schondelmaier, J.: Grundlagenuntersuchungen über das Taumelpressen. Berichte aus dem Institut für Umformtechnik, Universität Stuttgart, Nr. 117, Berlin...: Springer, 1992.

/61/   Schmid, F.: Umformen mittels Taumelpressen verringert die Gesenkbelastung. In: Maschinenmarkt 89 (1983) 44, S. 1010.

/62/   Bernet, A.: Umformen mit taumelndem Gesenk. In: Schweizer Maschinenmarkt 78 (1978) 20, S. 89-91.

/63/   Nagel, W.: Kaltstauchen mit taumelndem Gesenk. In: Technik 31 (1976) 10, S. 29-35.

/64/   Marciniak, Z.: Cold forming of wedge-shaped workpieces. 1st International Conference on Rotary-Metalworking Processes. IFS London (1979), S. 137-146.

/65/   König, W.; Lub, H.; Heinze, R.: Taumelpressen geradverzahnter Stirnräder. In: Industrie-Anzeiger 91 (1986), S. 25-30.

/66/   Grzeskowiak, J.: Possibility on cold and warm rotary forging of gears. 1st International Conference on Rotary Metalworking Processes. IFS London (1979), S. 289-296.

/67/   Skhyarow, I.N.: Hot rolled bevel gears. In: Russian Engeneering Journal 44, (1964) 18, S. 43-45.

/68/ Heinze, T.: Taumelpressen von geradverzahnten Zylinderrädern. 30. Arbeitstagung Zahnrad- und Getriebeuntersuchungen, Aachen 1989.

/69/ N.N.: Maag-Taschenbuch. 2. Auflage, Zürich: Maag Zahnräder, 1985.

/70/ König, W.: Stand der Technik in der Zahnradfertigung. VDI-Berichte Nr. 488 (1983), S. 178.

/71/ Schätzle, W.: Querfließpressen eines Flansches oder Bundes an zylindrischen Vollkörpern aus Stahl. Berichte aus dem Institut für Umformtechnik, Universität Stuttgart, Nr. 93, Berlin...: Springer, 1987.

/72/ Schutzrecht DE 37 18 884 A1 Offenlegungsschrift (1988).

/73/ Schmieder, F.; Szentmihályi, V.: Abschlußbericht zum Gemeinschaftsprojekt: Entwicklung von Verfahren zur Kalt- und Halbwarmumformung von Präzisionswerkstücken mit Nebenformelementen. Forschungsgesellschaft Umformtechnik Stuttgart (1991), unveröffentlicht.

/74/ Leykamm, H.: Beitrag zur Arbeitsgenauigkeit des Kaltmassivumformens. Berichte aus dem Institut für Umformtechnik, Universität Stuttgart, Nr. 57, Berlin... : Springer, 1980.

/75/ Lange, K.; Roll, K; Herrmann, M; Wilhelm, M.: Prozeßsimulation in der Umformtechnik. 3. Aachener Stahlkolloquium, Aachen, 1988.

/76/ Herrmann, M.: Beitrag zur Berechnung von Vorgängen der Blechumformung mit der Methode der Finiten Elemente. Prozeßsimulation in der Umformtechnik, Band 1. Berlin...: Springer, 1991.

/77/ Oh, S.I.; Wu, W.T.; Tang, J.; Vedhanayagam, A.: Capabilities and applications of FEM code DEFORM: the perspective of the developer. In: Journal of Materials Processing Technology, 27 (1991) 1-3, S. 25-42.

/78/ Rammelkamp, J.: Umformvorgänge simulieren, In: Industrieanzeiger (1990) 47/48, S. 12-14.

/79/ Mattieu, P.; Oudin, J.; Ravalard, Y.; Labarthe-Vaquier, T.; Richomme, B.: Finite element analysis of hollow steel parts impact extrusion. In: Journal of Materials Processing Technology, 24 (1990) 1, S. 337-386.

/80/ Wilhelm, M.; Herrmann, M.; Keck, P.; Lange, K.: Prozeßsimulation in der Kaltmassivumformung, In: Umformtechnik 25 (1991) 4, S. 23-26.

/81/ Rebelo, N.; Rydstad, H.; Schroder, G.: Simulation by material flow in closed-die forging by model techniques and rigid-plastic FEM, J.F.T. Pittman, R.D. Wood, J.M. Aleander and O.C. Zienkiewics (Eds.); Numerical methodes in industrial forming processes, 1982, S. 237 ff.

/82/ Oh, S.I.; Park, J.J.; Kobayashi, S.; Altan, T.: Applications of FEM modeling to simulate metal flow in forging a titanium alloy engine disc. In: J. Eng. Ind., 105(1983) 251.

/83/ Germain, Y.; Chenot, J.L.; Mosser, P.E.: Finite element analysis of shaped lead-tin disk forgings, roc. Numiform '86 Conf., Göteborg, Mattiasson, K., Samuelson, A., Wood, R.D., Zienkiewics, O.C., (Eds.), (1986), S. 271-276.

/84/ Knörr, M; Altan, T.: Anwendung des FEM-Programms DEFORM in der Massivumformung. Symposium Neuere Entwicklungen in der Massivumformung, FGU Fellbach, (1991).

/85/ Kang, B.-S.: Process sequence design in a heading process. In: Journal of Materials Processing Technology, 27 (1991) 213-226.

/86/ Liebisch, A.: Durch Festwalzen induzierte Eigenspannungen in einsatzgehärteten Zahnrädern mit FEM bestimmen. In: Industrie Anzeiger 112 (1990) 68, S. 36, 39.

/87/ Maccarini, G.; Giardini, C.; Buging, A.: Extrusion operations: F.E.M. approachand experimental results. In: Journal of Materials Processing Technology 24 (1990) 1, 395-402.

/88/ Gotoh, M.; Shibata, Y.: Elastic-plastic FEM analysis of the heading process and the die-forging process of a gear blank. In: Journal of Materials Processing Technology 27 (1991) 193-211.

/89/ Roll, K.: Einsatz numerischer Näherungsverfahren bei der Berechnung von Verfahren der Kaltmassivumformung. Berichte aus dem Institut für Umformtechnik der Universität Stuttgart, Nr. 66, Berlin...: Springer, 1982.

/90/ Tekkaya, A.E.: Ermittlung von Eigenspannungen in der Kaltmassivumformung. Berichte aus dem Institut für Umformtechnik, Universität Stuttgart, Nr. 83. Berlin...: Springer, 1986.

/91/ Kurz, N.: Grundlagen für das Kaltwalzen von Voll- und Hohlkörpern nach dem Grob-Verfahren. Berichte aus dem Institut für Umformtechnik, Universität Stuttgart,Nr. 95. Berlin...: Springer, 1987.

/92/ Park, J.J.; Kobayashi, S.: Three-dimensional finite element analysis of block compression. In: Int. J. Mech. Sci., 26 (1984) 165.

/93/ Surdon, G.; Chenot, J.-L.: Finite element calculation of three dimensional hot forging. In: Int. J. Num. Meth. Eng., 24 (1987) 2107-2117.

/94/ Osen, W.: Untersuchungen über das kombinierte Quer-Napf-Vorwärts-Fließpressen. Berichte aus dem Institut für Umformtechnik, Universität Stuttgart, Nr. 89. Berlin...: Springer, 1986.

/95/ Soyris, N.; Cescutti, J.P.; Coupez, T.; Brachotte, G.; Chenot, J.-L.: Three-dimensional finite element calculation of the forging of a connecting rod, J.-L. Chenot and E. Onate, (Eds.), Modelling of metal forming processes, proceedings of the Euromech 233 colloquium, Sophia-Antipolis, (1988), 227-236.

/96/   Soyris, N.; Brioist, J.J.; Brachotte, G.; Chenot, J.-L.: Three dimensional finite
         element calculation of the whole forging process of an automotive part. Proc. adv.
         technol. plasticity, Kyoto, (1990), 165-170.

/97/   Coupez, T.; Soyris, N.; Chenot, J.-L.: 3-D finite element modelling of the forging
         process with automatic remeshing. In: Journal of Materials Processing
         Technology, 27 (1991) 119-133.

/98/   Yang, D.Y.; Lee, N.K.; Yoon, J.H.; Chenot, J.-L.; Soyris, N.: A three-dimensional
         rigid-plastic finite element analysis of spur gear forging by using the modular
         remeshing technique, Journal of Engineering Manutacture, Proc. Part B of
         Institution of Mechanical Engineers, 24 (1990), 203-209.

/99/   Geiger, M.; Hänsel, M.: Bruchmechanische Untersuchungen an
         Fließpreßmatrizen. In: Umformtechnik 35 (1991) 4, S. 27-33.

/100/   Ochiai, Y.; Wadabayashi, R.: Application of Boundary Element Method to Cold
         Forging Die Design. Proc. 2nd International Conference on Technology of
         Plasticity, Stuttgart, (1987), Berlin...: Springer, 1987.

/101/   Mews, H.: Berechnung von Spannungsintensitätsfaktoren mittels der Boundary-
         Element-Methode unter Verwendung von GREENschen Funktionen. Erlangen,
         Universität, Diss., 1988.

/102/   Neureiter, W.: Boundary-Element-Programmrealisierung zur Lösung von zwei-
         und dreidimensionalen thermoelastischen Problemen mit Volumenkräften.
         München, TU, Diss., 1982.

/103/   Hoffman, K.-F.: Aufweitungsverhalten von Fließpreßmatrizen mit
         nichtrotationssymmetrischer Innenform. Berichte aus dem Institut für
         Umformtechnik, Universität Stuttgart, Nr. 112, Berlin...: Springer, 1991.

/104/   Schmieder, F.: Beitrag zur Fertigung von schrägverzahnten Stirnrädern durch
         Querfließpressen. Berichte aus dem Institut für Umformtechnik, Universität
         Stuttgart, Nr. 119. Berlin...: Springer, 1993.

/105/   Szentmihályi, V.: Berechnungsergebnisse mit FEM über
         Verzahnungsdeformationen an Werkstücken. FGU Stuttgart, (1990),
         unveröffentlicht.

/106/   DIN 3961, Toleranzen für Stirnradverzahnungen, Grundlagen, August 1978.

/107/   DIN 3962, Toleranzen für Stirnradverzahnungen, Teil 1: Toleranzen für
         Abweichungen einzelner Bestimmungsgrößen; Teil 2: - für
         Flankenlinienabweichungen; Teil 3: - für Teilungs- Spannenabweichungen,
         August 1978.

/108/   DIN 3963, Toleranzen für Stirnradverzahnungen, Toleranzen für
         Wälzabweichungen, August 1978.

/109/ Niemann, G.; Winter, H.: Maschinenelemente, Band 2, 2. Auflage. Berlin...: Springer, 1989.

/110/ Lange, K.: Zur Entwicklung des Kaltfließpressens zu einer High-Tech-Präzisionstechnologie. In: Umformtechnik 26 (1992) 6, S. 412-418.

/111/ Firma Kapp & Co, Werkzeugmaschinenfabrik, Angebot zum Innenschrägverzahnungsschleifen von Preßmatrizen, Coburg,1990.

/112/ Lange, K. (Hrsg.): Umformtechnik - Handbuch für Industrie und Wissenschaft, Band 4: Sonderverfahren, Prozeßsimulation, Werkzeugtechnik, Berlin...: Springer, 1993.

/113/ Bathe, K.-J.: Finite Element Procedures in Engineering Analysis, Englewood Cliffs: Prentice Hall, 1982.

/114/ Zienkiewicz, O. C.: The Finite Element Method, London: Mc Graw-Hill, 1977.

/115/ Hughes, T. J. R.: The Finite Element Method, Englewood Cliffs: Prentice-Hall, 1987.

/116/ N. N.: FORGE3 - Benutzerhandbuch, Version 2.0 Centre de Mise en Forme des Matériaux, Sophia Antipolis, April 1991.

/117/ N. N.: DEFORM SYSTEM User's Manual, Primer, Version 2.0, Battelle Columbus Division, Columbus, Ohio, December 1990.

/118/ DIN 3960, Begriffe und Bestimmungsgrößen für Stirnräder und Stirnradpaare mit Evolentenverzahnung, März 1987.

/119/ Danfoss A/S, Dänemark, 1990, Firmenschrift.

/120/ Grønbæk, J.: Stripwound cold forging tools - a technical and economical alternative. VDI-Bericht 810, 8. Internationaler Kongreß Kaltmassivumformung, Nürnberg,(1990), S. 139-152.

/121/ Wilhelm, H.: Untersuchungen über den Zusammenhang zwischen Vickershärte und Vergleichsformänderung bei Kaltumformvorgängen. Berichte aus dem Institut für Umformtechnik, Universität Stuttgart, Nr. 9, Essen: Girardet, 1969.

/122/ Keller, H.-J.: Beitrag zur Optimierung der Fertigungsfolge Kaltmassivumformen und Spanen. Berichte aus dem Institut für Umformtechnik, Universität Stuttgart, Nr.108, Berlin...:Springer, 1990.

/123/ VDI-Richtlinie 3258, Kostenrechnung mit Maschinenstundensätzen, Düsseldorf: VDI, 1962.

Anhang

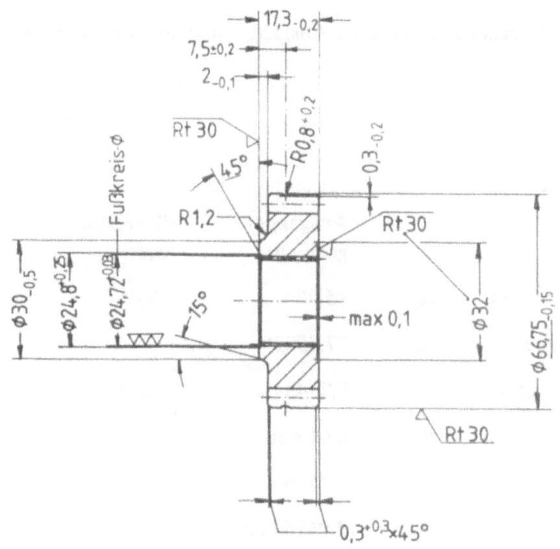

Bild A1: Abmessungen des betrachteten ZR30.

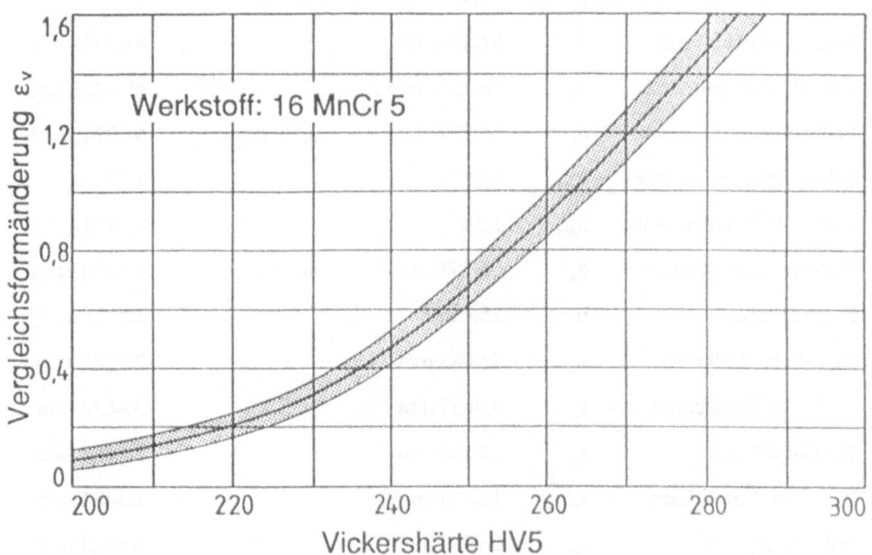

Bild A2: Zusammenhang zwischen Vickershärte und der Vergleichsformänderung ε_v.

Tabelle A1: Verzahnungsdaten der Ausgangs- und der korrigierten Geometrie.

		Ausgangs-geometrie	Korrektur-wert	korrigierte Geometrie
Normaleingriffswinkel	α_n	15,0°	+3,0°	**18,0°**
Stirneingriffswinkel	α_t	17,3592°		**20,8267°**
Profilverschiebungsfaktor	x	0,2343 mm	-0,0503 mm	**0,1840 mm**
Profilverschiebung	x_{mn}	0,41 mm		**0,322 mm**
Normalmodul	m_n	1,75 mm		**1,75 mm**
Stirnmodul	m_t	2,0416 mm		**2,0488 mm**
Zähnezahl	z	30		**30**
Schrägungswinkel	β	31,0°	+ 0,333°	**31,333°**
Teilkreisdurchmesser	d	61,2482 mm		**61,4639 mm**
Grundkreisdurchmesser	d_b	58,4586 mm		**57,4479 mm**
Fußkreisdurchmesser	d_f	56,5999 mm	-0,52 mm	**56,0799 mm**
Faktor für Zahnfußhöhe	h_{fps}	1,5624		**1,7223**
Faktor für Zahnkopfhöhe	h_{aps}	1,34		**1,1801**
Kopfkreisdurchmesser	d_a	66,7583 mm	- 0,52 mm	**66,2383 mm**
Zahnradbreite	b	15,3 mm		**15,3 mm**
Zahndicke-Teilkreis	s_n	2,9686 mm		**2,9581 mm**
" im Stirnschnitt	s_t	3,4633 mm		**3,4632 mm**
Zahnkopfdicke	s_{an}	1,0428 mm		**1,1264 mm**
" im Stirnschnitt	s_{at}	1,2465 mm		**1,3471 mm**
Fußrundungsradius	r_{of}	0,9293 mm		**0,6840 mm**
Steigungswinkel	γ	59,0°		**58,6670°**
Steigung	p	320,2358 mm		**317,1731 mm**

Berichte aus dem Institut für Umformtechnik der Universität Stuttgart

Herausgeber: Professor em. Dr.-Ing. Dr. h.c. Kurt Lange

Die Bände sind im Erscheinungsjahr und in den folgenden drei Kalenderjahren zu beziehen durch den örtlichen Buchhandel oder durch Lange & Springer, Otto-Suhr-Allee 26 - 28, 10585 Berlin.